内蒙古南海子湿地鸟类

虞　炜　主编

中国林业出版社

图书在版编目(CIP)数据

内蒙古南海子湿地鸟类 / 虞炜主编.
-- 北京：中国林业出版社, 2017.2
ISBN 978-7-5038-6046-1

Ⅰ.①内… Ⅱ.①虞… Ⅲ.①沼泽化地－鸟类－内蒙古－图集
Ⅳ.①Q959.708-64

中国版本图书馆CIP数据核字(2017)第028291号

出版发行	中国林业出版社
	(100009 北京西城区德内大街刘海胡同 7 号)
网　　址	www.lycb.forestry.gov.cn
E－mail	Fwlp@163.com
电　　话	(010) 83143615
印　　刷	北京卡乐富印刷有限公司
版　　次	2017 年 5 月第 1 版
印　　次	2017 年 5 月第 1 次
开　　本	787mm × 1092mm　1/16
印　　张	17.5
定　　价	168.00 元

内蒙古南海子湿地鸟类

编委会

主　任	虞炜			
副 主 任	李振银	楼震中	任江莲	刘建华
	王煦东	刘　彬	孙　钢	苗春林
委　员	尹利军	李建平	王跃成	高志岗
	魏万庆	崔广庆	王青雯	徐丽娟
	卜楠龙	张　彤	李俊山	李伟杰
	范桂花	范　荣	曹智广	邵红娟
主　审	聂延秋			

主　编	虞炜			
副主编	苗春林	刘　利	卜楠龙	
编辑人员	陈学古	贺思远	董俊鲜	张明钰
	张　乐	杨艳亭	周晓东	

在生物进化的链条上，鸟类是重要的一环，它要比我们这些自封为"万物之灵长"的人类更加古老，历史也更加悠久漫长。

南海子湿地，水草丰茂，是昔日敕勒川之一角

丰富的生物资源，千姿百态的生态景观，千鸟竞翔的蓬勃盎然，构成一幅和谐的南海子湿地的生命画卷。展现在您眼前的这部《内蒙古南海子湿地鸟类》，共收集南海子湿地 228 种鸟类，介绍了南海子湿地自然概况、鸟类分布特点等，可供您在开卷之际有所收益。

《内蒙古南海子湿地鸟类》所介绍的包头南海子湿地距离城市近，面积较大，紧邻黄河，占地面积 2992hm^2，其中水域面积 713hm^2，湿生草地面积逾 2000hm^2，有多种野生动植物在这里繁衍生息。

《内蒙古南海子湿地鸟类》镜头所圈定的是南海子湿地主要保护对象——南海子湿地珍稀鸟类及其赖以生存的生态环境。南海子湿地为黄河变迁遗留下的故道，在这样的自然环境中栖息、停歇的鸟类有 228 种，含国家重点保护鸟类 36 种（国家 I 级重点保护鸟类 5 种，国家 II 级重点保护鸟类 31 种），包括遗鸥、黑鹳、大鸨、白尾海雕、大天鹅、白琵鹭等。南海子湿地是黄河湿地生态系统的缩影，其生态类型具有其独特性，是包头市目前唯一的省级湿地自然保护区。

《内蒙古南海子湿地鸟类》镜头所延展的还有南海子湿地的工作人员，他们默默地保护着这片珍贵的城市湿地，守护着湿地飞舞的精灵，守护着北疆包头的生态红线。

天一生水,道法自然

在这个世界上,所有的生命都是平等的。如果我们的身边没有了鸟,我们将面对一个怎样的生存环境?

不以功利为目的,更不是简单的鸟类留影,而是在尊重和保护的原则下,以平等、平和之心来展示鸟类的万千姿态,并引发我们对鸟类生存环境的关注,这是《内蒙古南海子湿地鸟类》编撰者付梓缘起的宗旨和尺衡。

对于那些为《内蒙古南海子湿地鸟类》提供珍贵摄影作品的摄影家,我们深怀感激敬重之心,尤其是他们面对鸟类时敬畏生命和自然的那份内心,所有观者都有所自省和觉悟。

《内蒙古南海子湿地鸟类》是一部具有生命华彩的图谱,镜头中所记录的画面,尤其是鸟类之间的那些寻常看不见的情态,会给看到它的人带来鸟类飞翔的感动,也会有会心一笑后的沉思。一个人在这样的图像审视过程中,会不自觉地被生命的自然、美丽、流动、真挚所感动。

这些能够对野生鸟类真诚关注、不辞艰辛、日复一日去拍摄它们生存镜像的人,应该是一批怀着仁爱之心的人。在人的生命中,有着一种属于自然神性的基因,那就是"世间万物,生而平等"。因为在这个地球上,不仅仅只有人类才需要生存的权利和自由。当一个人从曾经的捕鸟少年,成长为一个为野鸟留存影像的摄影家,再到一个爱鸟、护鸟的生态人士,每一次蜕变和提升,就是一个灵魂的自我完善过程。

人类的文明并非只应该把眼光投射到自己种群之上,真正的生态和谐应该是所有生命的共同繁荣成长。300年资本主义的发展历史,在推进工业革命进程的同时,已经把这个地球搞得千疮百孔。中国作为发展中国家,在追赶发达国家的同时,30余年飞速发展的历程也把生态环境逆变之书写得惊心动魄。

生存和生命就是如此起落反复。当中国的生态问题日益引起人们的关注,生态保护成为了政府重要的工作任务之一,也成为衡量人性的道德尺度之一,更是一个现代人的文明底线。不管你今天拥

有何等的权势和财富，当你没有对于其他生命的尊重之情，你所谓的价值就是不足称道的。

古训云：行胜于言

《内蒙古南海子湿地鸟类》中每一张野鸟的照片都在述说着其后的故事。为了保护这些舞动的精灵，保护区的工作人员付出了艰辛的劳动，湿地保护者以实际行动践行保护诺言，他们以"做客自然"的心态，保护着大自然的精灵。众多的自由飞翔的鸟类就是保护成果的一种注释。

万类霜天竞自由

21世纪的人类应该有更加开阔的生命视点，应该有更厚重更饱满的审美心态，应该和所有的生命自然和谐地相处，细细品味彼此的存在，在自由的飞翔中，唤醒我们已经被异化了的生命本性……

岁月无形，鸟去无痕。

留住翅膀的痕迹，是神话一般的想象。

《内蒙古南海子湿地鸟类》中那一幅幅久违了的野鸟图片，将为我们打开一个逝去久远的鸟世界，我们在这里能深刻体会到什么才是"人——诗意地生活在这片土地上"。

渴望飞翔，是人类的伟大梦想之一。现在，这个梦想已经征服了太空。其实，飞翔不仅仅是人类自己的梦想，自由的飞翔更是鸟类的权利。当我们和所有与我们休戚与共的生命比翼齐飞，这个世界该是多么的精彩……

中国梦也会因此而更加美丽……

湿地国际中国办事处　主　任

中国科学院东北地理与农业生态研究所　研究员　　陈光林

2016年3月9日

　　经过多年的艰辛努力和孜孜追求，包含有228种鸟类的《内蒙古南海子湿地鸟类》一书即将面世，这是我国湿地保护事业取得的标志性成果之一，也是开展鸟类知识普及的一本好教材，它的出版有益于我国湿地保护事业的健康发展，是促进鸟类保护的一件非常有效的实事。作者约我为其作序，我甚为高兴。

　　南海子湿地属滩涂湿地类型，是干旱、半干旱地区典型的草本沼泽湿地，故成为黄河上游河段主要的鸟类迁徙停歇地和栖息地，对维系生物多样性、保护珍稀鸟类种群尤为重要。对于包头市这个工业城市而言，南海子湿地的地理位置有其鲜明的独特性，发挥着净化空气、保护水质、涵养水源、调节局地气候等生态服务功能，可以说，它是包头市最珍贵的自然禀赋之一。

　　由于湿地具有水资源充沛、地势平坦、容易开垦等特点，使得自然湿地的保护成为较为困难的事情，尤其对于城市湿地而言，自然湿地的保护尤为艰难。十分可喜的是，内蒙古包头市东河区市、区两级政府以及南海湿地管理处经住了城市房地产开发的"诱惑"，顶住了城市城镇化发展的压力，义无反顾地保育着这块重要湿地，使其水草丰茂，百鸟翩跹，成为候鸟南北迁徙的重要中转站。228种鸟类有这块安全的栖息之地，实属鸟类之幸！包头之幸！人类之幸！

　　为了实现"人鸟共家园"的和谐，南海子湿地保护区管理机构实施的保护策略更值得称道，也值得全国同类保护区借鉴。他们的经验首先是坚持"依法治湿"的理念。保护区有专门针对南海子湿地的湿地自然保护区条例，有完整的湿地执法机构和执法队伍，同时，在地方党委和各级政府的统一领导下，湿地执法与政府相关管

理部门相互配合，形成保护湿地的合力和氛围。其次是坚持走"科学保护湿地"的路子，积极开展湿地保护科学研究并争取专项资金，开展了诸如《黄河湿地生态修复工程》《湿地保护工程建设项目》《湿地修复和保护科研项目》《遗鸥栖息地生境营造推广项目》等，积极修复退化湿地，使"昔日盐碱地"恢复为"近日百鸟园"。三是坚持"保护与宣教相结合"的方针，利用"湿地日"、"爱鸟周"等重要活动节日，坚持长期开展湿地保护的宣教工作，尤其是利用现代信息技术所构建的"南海子保护区网站"，宣传栏目丰富多彩，宣传内容每日更新；由于宣教工作表现突出，南海子湿地被中国科学技术协会命名为"全国科普教育基地"。四是坚持生态产业化、产业生态化的理念，大力发展绿色产业，创新性开展湿地利用。通过政府投入和招商引资，加大投资力度，开展南海湖基础设施建设项目，形成以基础建设为中心，文、旅、商、科融合发展的局面，强力推进"南海婚博园"等带动性强的项目，形成项目群迅速聚集、产业链不断延伸的良性互动，同时打造湿地品牌，提升资源品质，使湿地文化旅游等产业呈现出新的发展优势。

天道酬勤，厚德载物！正是这样一支不辞辛劳、敬业奉献的湿地保护群体及其所形成的力量，才有了近日南海子湿地生机盎然的生态环境，才使得《内蒙古南海子湿地鸟类》与读者相见。

真诚期盼以此书的出版为契机，南海子湿地的保护工作越做越好，南海子湿地的生态环境越来越好，南海子湿地的鸟儿越来越多，快乐并自由飞翔！

以此为序！

中国工程院　院　士
中国科学院东北地理与农业生态研究所　研究员　　刘兴土

2016 年 4 月 26 日

序　三

　　鸟类是自然生态系统的重要成员，是人类的朋友。由于生境丧失、非法捕杀、环境污染、全球气候变化等问题日趋严重，野生鸟类的生存面临很大的威胁，因此加强鸟类保护已经成为一项十分迫切的工作。作为生态文明建设的一个重要内容，鸟类保护需要全社会的参与，应该引起我们每个人的关注，也是我们每个公民不可推卸的责任。

　　南海子湿地自然保护区位于内蒙古包头市境内，毗邻黄河，是湿地鸟类集中分布的区域之一。近年来，该保护区在湿地鸟类保护和资源可持续发展方面积极探索，成绩斐然，为鸟类在黄河湿地的迁徙停歇提供了一块安全的栖息场所。每到春秋季节，水草丰茂的南海子湿地内水鸟翩跹，就是保护区保护成果的最好写照。

　　我曾有幸参观南海子湿地，被保护区干部职工认真负责的工作劲头、刻苦学习的钻研精神以及对湿地保护的赤子之心所感动。《内蒙古南海子湿地鸟类》的出版就是他们努力工作的一个证明。该书编写成员中很多都是工作在湿地保护一线的科技工作者，他们一方面进行着湿地保护，另一方面致力于湿地科研监测，通过近10年的资料积累，终于完成了本书的编写。

　　《内蒙古南海子湿地鸟类》以照片为认知对象，详细介绍了各种鸟类的分类地位、形态特征、分布范围、行为习性等内容，对于包头地区乃至黄河流域鸟类的研究和保护具有较高参考价值。该书也是一本对公民宣传爱护鸟类、保护环境的优秀科普教材。

　　我衷心地希望，读者在关注《内蒙古南海子湿地鸟类》中记录的各种鸟类之余，更多地关注南海子湿地保护工作的进展情况，关注南海子湿地生态环境的演变以及当地湿地鸟类保护所面临的问题，从而吸引更多的人参与到鸟类资源保护中来，参与到生态文明的建设中来，为建设美丽中国而贡献力量。

再次祝贺《内蒙古南海子湿地鸟类》正式出版！

希望内蒙古南海子湿地自然保护区在未来的工作中取得更好的成绩！

北京师范大学　教授

2016 年 6 月 8 日

序 四

　　湿地是地球上重要的、独特的、多功能的生态系统，在全球生态平衡中扮演着极其重要的角色，有着"地球之肾"的美誉，具有不可替代的生态功能。南海子湿地自然保护区位于内蒙古中西部，处于干旱与半干旱地区，是高纬度的黄河湿地，素有"塞外西湖"之美誉，被评为国家4A级旅游风景区，又被批准为省级湿地自然保护区。

　　近年来，包头市东河区坚持节约和保护优先、自然恢复的基本方针，以绿色发展为引领，聘请国内一流设计院，高标准编制完成《包头市南海湿地及周边地区总体规划与适度开发区详细规划》，加大退耕还湿力度，深入实施南海子湿地综合保护利用，不断修复、完善湿地生态功能，努力实现人与自然和谐共生、永续发展。经过不懈努力，修复湿地300余公顷，保育湿地600余公顷，湿地生态环境得到明显改善，成为全国科普教育基地。

　　由于很多珍稀水禽的繁殖和迁徙离不开湿地，因此湿地也被称为"鸟类的乐园"。作为我国较大的内湖，随着生态环境的不断改善，越来越多的野生鸟类，尤其是一些珍稀的湿地鸟类选择南海子湿地作为繁殖、栖息、迁徙、越冬的场所。

　　《内蒙古南海子湿地鸟类》对南海子湿地自然保护区鸟类进行了详实的介绍，共记录了17目51科228种野生鸟类，图片近600余幅，书中对各种鸟类的形态特征、生态习性、居留状况等进行了记录和描述，大部分鸟类均配有多幅照片，均为南海湿地工作人员和鸟类爱好者拍摄，展现了湿地鸟类不同的生活环境、外貌形态等特征。本书的出版为包头市的鸟类研究工作提供了极其重要的参考

11

依据，同时对我国鸟类区系研究也具有非常重要的参考价值。

湿地是大自然赐予人类的礼物，也是人类最重要的生存环境之一。鸟是人类的朋友，是自然界中一个富有魅力的生物种类。通过本书，我们希望唤起人们的自然保护意识，尤其是对湿地和野生鸟类的关注和爱护，让更多的人走进湿地、热爱湿地、保护湿地，愿每一位公民从自身做起，了解鸟类、珍爱鸟类、保护鸟类，为鸟儿们营造更加美好的生存环境，为我们的子孙后代造福。

中共包头市东河区委　书记　史文煜

2016 年 6 月 12 日

前　言

　　内蒙古南海子湿地是我国西北部荒漠、半荒漠地区典型的城市湿地，是由于黄河改道和凌期、汛期的黄河水位规律性变化而形成的"牛轭湖"，总面积约 2992 公顷，由内蒙古南海子湿地自然保护区和包头黄河国家湿地公园东河片区组成。南海子湿地的主要保护对象为湿地生态系统及其珍稀鸟类，有野生植物 52 科 136 属 207 种；陆生脊椎动物 255 种，包括两栖纲 4 种，爬行纲 8 种，哺乳纲 15 种，鸟纲 228 种。其中国家 I 级重点保护鸟类 5 种，国家 II 级重点保护鸟类 31 种。南海子湿地是黄河湿地生态系统的缩影，也是候鸟南北迁徙的重要驿站之一。

　　近年来，包头市东河区委、区人民政府高度重视南海子湿地保护，将湿地保护规划纳入国民经济和社会发展计划中，成立了湿地保护机构，促进了湿地立法，先后投资 4.2 亿元进行湿地保护和修复。南海子湿地秉承"全面保护、生态优先、永续利用"的原则，加强湿地规划、执法、修复、宣教、科研、监测、救护、协调共建 8 种能力建设，努力提高湿地保护水平，制订了《内蒙古南海子自治区级自然保护区总体规划》，认真执行《包头市南海子湿地自然保护区条例》，修复了湿地 300 余公顷，保育了湿地 600 余公顷，取得了重大生态成果，鸟类由 1992 年的 77 种增加至目前的 228 种，水质由劣 V 类水质恢复成 IV 类、局部 III 类，湿地保护面积由过去的 1585 公顷增加至 2992 公顷，水域面积由 333 公顷增加至 713 公顷。南海子湿地被专家誉为包头市的"五库"——碳库、水库、氧库、食品库、基因库，先后被授予"全国野生动物保护科普教育基地""全国科普教育基地""国家 4A 级旅游景区""自治区环境教育基地"和全国"自然学校试点单位"等荣誉称号，被包头市人民政府授予"包头市政府质量奖"。

    《内蒙古南海子湿地鸟类》一书是南海子湿地保护成果的体现。本书记录了南海子湿地的自然资源概况、鸟类分布特点、保护措施等内容，收集了湿地鸟类600余幅精美图片，对南海子湿地228种野生鸟类的形态特征、分布范围、生态习性等内容做了详细介绍。本书既可作为教学和科研工作者研究鸟类的参考资料，又可作为广大观鸟爱好者的工具书，也可供广大读者在开卷之际领略南海子湿地之美。

    本书与其他鸟类工具书相比有两个特点：

    一是视野更广。不仅仅表现出对鸟类形态、行为的关注，更有对鸟类生存环境以及整个生态系统的关注，这是保护区工作者关注的焦点。二是感情更加细腻。职业湿地保护工作者端起了照相机、摄像机深入湿地进行拍摄，他们不同于普通的鸟类爱好者，他们是用保护鸟类的实际行动给予了鸟类的关爱，这种观察更加细腻和真切。

    通过图片的视觉感应，让读者领略湿地之美，引领广大民众共同投身于湿地保护和鸟类保护事业，这是全体编委的共同心声。

    包头市南海子湿地的保护与开发得到了内蒙古自治区、包头市、东河区党委、政府和各部门以及各社会团体的高度重视和大力支持。《内蒙古南海子湿地鸟类》的出版也得到全国湿地保护专家的帮助和鼓励，湿地国际中国办事处主任、中国科学院东北地理与农业生态研究所研究员陈克林先生、中国工程院院士、中国科学院东北地理与农业生态研究所研究员刘兴土先生、北京师范大学教授张正旺先生、中共包头市东河区委员会书记史文煜同志特为本书作序；中国鸟类图片馆馆长、中国鸟类学会观鸟摄影专业委员会负责人、中国野生动物保护协会资深会员、中国摄影家协会会员聂延秋先生负责对全书审定；包头师范学院青年教师、毕业于日本东京农工大学的鸟类学博士刘利和动物学博士张乐老师审定了鸟类分布、鸟种说明内容。在此，对所有为本书的出版作出贡献的专家、摄影家和社会各界人士表示衷心的感谢！

编委会

2016 年 10 月 30 日

CONTENTS 目 录

CONTENTS 目 录

内蒙古南海子湿地自然概况

内蒙古南海子湿地是我国中西部干旱与半干旱地区珍贵的城市湿地，隶属于内蒙古包头市东河区，南接黄河，北依青山，毗邻市区，与内蒙古伊克昭盟隔河相望。地理位置为东经 109°57′54″～110°07′12.8″，北纬 40°30′8″～40°33′26″。总面积约 2992hm²，由内蒙古南海子湿地自然保护区和包头黄河国家湿地公园东河片区组成，其中保护区面积为 1664hm²，包头黄河国家湿地公园东河片区面积为 1328hm²。本湿地是以保护珍稀鸟类及其赖以生存的黄河滩涂湿地生态系统为主的综合性自然保护区，主要保护对象为保护区内的湿地生态系统以及在保护区内栖息、繁殖、迁徙的珍稀鸟类。

内蒙古南海子湿地自然保护区与包头黄河国家湿地公园东河片区

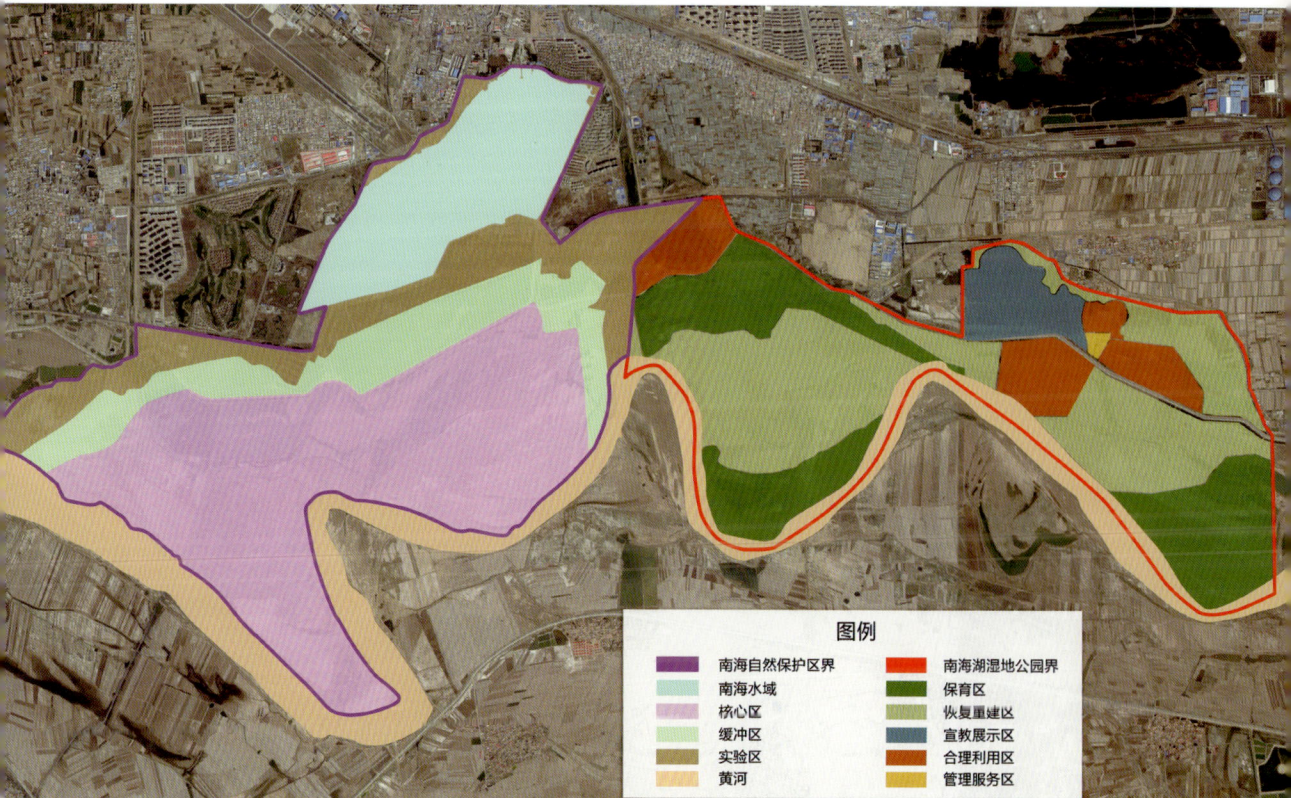

图例

南海自然保护区界　南海湖湿地公园界
南海水域　保育区
核心区　恢复重建区
缓冲区　宣教展示区
实验区　合理利用区
黄河　管理服务区

春天，天鹅陆续飞临南海子湿地停歇、觅食，为再次迁飞储备能量

南海子湿地因历史时期黄河改道以及黄河凌期、汛期水位规律性变化自然形成，南海湖实为黄河变迁遗留下的故道湖泊，俗称"牛轭湖"。15亿年前，南海子湿地所在地是一片汪洋。南海子湿地沉积了厚度逾20 000m的海相碎屑及碳酸盐，经过各种变质作用，形成一套深变质岩系。古生代早期地壳持续上升，本地区成为内陆。中生代中期，内陆局部下陷，形成山间盆地，陆缘碎屑沉没于盆地，沉积总厚度逾7000m，随陆缘碎屑沉没的大片森林变质成煤。到新生代，因新构造运动，本区域及周边下陷成盆地，最大沉积总厚度为1500m，整个盆地呈北深南浅，西深东浅的不对称形，构造上为一封闭的地堑式盆地。

南海子湿地地貌主体为黄河冲积平原，是黄河河道南移后留下的河段。本地区的地形是北高南低，西北向东南倾斜，黄河沿南境边从西向东蜿蜒而过，属于阴山和黄河之间的冲积平原。在景观上，本区域呈现出水域、沼泽、灌丛、草地等类型，其中以水域、沼泽为湿地的主要类型。北部有黄河南移形成的故道湖泊，面积333hm²，南部主要为黄河滩涂。平均海拔高度为1002m。

南海子湿地地处中温带，属于半干旱草原地带，为典型的大陆性季风气候。光照充足，降水较少，蒸发剧烈。冬季漫长而严寒，夏季短促而炎热，年、日温差大，春、秋两季气温变化剧

烈，春季风大，时遭寒潮侵袭。雨热同季，积温有效率高。

南海子湿地年平均降水量 307.4mm，年蒸发量 2342mm，降水多集中于夏季，6～8 月平均降水量 250mm，冬季 12 月至翌年 2 月降水量最少，仅占全年降水量的 1.3%～2.3%；降雪期 4～5 个月，但降雪日少，约 10 天，降雪量亦少，积雪深度在 10cm 以下，积雪日数为 55～77 天，大雪多出现在秋末、冬末、春初。

南海子湿地年平均气温 8.5℃，全年 1 月气温最低，平均气温 –12.7℃，7 月气温最高，平均气温 22.2℃。≥5℃ 的活动积温 3278.9℃，持续 222 天；≥10℃ 的活动积温 3916.6℃，持续 176 天。全年无霜期 148 天，早霜期在 9 月下旬，终霜期在 5 月中旬。

南海子湿地处于季风气候范围，冬夏具有明显的风向变化，冬季北风、西北风盛行，春季风向多变且紊乱，秋季偏北、偏西风占优势。平均风速为 2～4m/s，最大风速达 15～17m/s，特大风可达 34m/s；每年 3 月进入风季，到 5 月结束。

南海子湿地日照充足，光能资源丰富，年平均日照时数在 3177 小时，日照率 65%；≥10℃ 的日照时数为 1357.4 小时，日照率 62%；年总辐射量 68.48kJ/cm^2，其中 4～9 月占 85.39%，全年辐射最高期是 5 月。

南海子湿地年平均相对湿度在 50% 以上，其中，春季相对湿度最小，平均 43%；夏季相对湿度最大，约为 69%；秋季水汽含量下降，温度也在下降，变化较平稳，如 10 月的湿度为 62%；冬季由于气温低，相对湿度仍较春季高。

南海子湿地地表水主要来源于黄河水，其次为大气降水和地下水。黄河位于本区域南部，流经本区约 13.12km，水面宽 130～458m，水深 1.4～9.3m，平均流速 1.4m/s，平均径流量约 824m^3/s，最小流量 48m^3/s，最大流量 6400m^3/s，年平均径流量约 259.56m^3/s。每年 11 月下旬开始流凌，12 月上旬封冻，冰厚 0.6～1.2m，至翌年 3 月下旬开河，封冻期 4 个月，封冻期汽车可履冰而过。开河时，冰凌常阻塞河道，有时形成危害。南海湖是黄河河段南移后留下的河迹湖，湖面约 333hm^2，东西长 3.5km，南北宽 1.2km，

湖深 1.0～3.0m。过去南海湖曾和黄河相通，自然蓄水，由于堤坝的修建，湖与黄河断开，其水量每年凌期从黄河人工抽水补充。

南海子湿地地下水资源十分丰富，有供水意义的含水层分布很广，保护区所在地地下水主要来源于山麓冲洪积湖积层承压水，地下水埋深 30～50m，水质是矿化度小于 0.5g/L 的超淡水，适宜饮用和灌溉。

南海子湿地水面年平均蒸发量在 2342mm，年蒸发量远大于年降水量。一年中水面蒸发以 5、6 月最大，12 月和翌年 1 月最小，8 月份蒸发量仍较高，

9 月开始下降，11 月份显著下降，陆地年平均蒸发量 250～350mm。

南海子湿地土壤类型分为草甸土、盐土和风沙土 3 类。草甸土主要分布在湖区及外围的沼泽地带，为本区面积最大的一个土类。盐土呈斑块状散布于沼泽的外围。风沙土大多分布于黄河岸边的沙滩地。区内地下水位较高，土壤湿度大，呈碱性。土壤中速氮、速磷、速钾、有机质含量较高。

南海子湿地内有野生植物 52 科 136 属 207 种，在内蒙古植物区划中属于欧亚草原植物区，由于同时受欧亚草原植物区和东亚阔叶林植物区的影响和渗

夏天，白琵鹭在南海子湿地栖息繁育，数量为50～100只

透，许多植物分区在本区内相互交迭，从而大大丰富了这个地区的区系地理成分。由于南海子湿地所在地是黄河滩涂湿地生态系统，因而区域内所分布的植被类型主要为灌丛植被、草甸植被、沼泽植被和草塘植被。

南海子湿地内有陆生脊椎动物255种，其中两栖纲4种，爬行纲8种，哺乳纲15种，鸟纲228种。鸟类是本湿地最丰富的动物类群，也是主要保护对象，有17目51科，其中国家Ⅰ级重点保护鸟类5种（包括遗鸥、黑鹳、白尾海雕、金雕、大鸨），国家Ⅱ级重点保护鸟类31种（包括角鸊鷉、大天鹅、疣鼻天鹅、白琵鹭等）。

南海子湿地是黄河沿岸生态系统的缩影，是候鸟南北迁徙的重要驿站之一，也是包头市重要的生态屏障，对调节气候、净化空气、美化和改善当地生态环境及维护生态环境安全具有十分重要的作用。

内蒙古南海子湿地鸟类分布特点

内蒙古南海子湿地是我国西北干旱与半干旱地区的一块典型的黄河滩涂湿地，地处黄河上游，属于高纬度黄河湿地，总面积约 2992hm²。每年黄河规律性的水涨水落滋养了这片土地，并带来了丰富的食物。鲜嫩的草籽、嫩叶、浅水处的水生生物、适宜的水温再加上有力的保护，为众多鸟类提供了良好的栖息环境。多样的生态区也为各种鸟类提供了适宜栖息繁育的场所，如浅水湖泊、大片的芦苇地、盐碱沙滩、灌丛、农田等，因而南海子湿地的鸟类呈现多样性的趋势。更多的是在迁徙季节的过境旅鸟，在南海子湿地作短暂停歇补充食物和能量，因而南海子湿地是南北迁徙候鸟停歇的一个重要驿站。

在动物地理区划上，南海子湿地属于古北界东亚亚界华北区的黄土高原亚区，截止到 2016 年，南海子湿地鸟类在本地区共记录到鸟类 228 种，隶

夏季，湿地的候鸟呈现家族式活动，求偶、育雏、孵化、训练幼鸟捕食等

属于 17 目 51 科（详见内蒙古南海子湿地自然保护区鸟类名录）。其中古北界鸟类 163 种，占调查区鸟类总数的 71.49%。东洋界鸟类 8 种，占调查区鸟类总数的 3.15 %。广布种 57 种，占调查鸟类总数的 25%。由此可见，南海子湿地自然保护区的鸟类组成中，古北界种类占有明显的优势。由于该区北依大青山，紧邻蒙新区的东部草原亚区，所以鸟类区系反映出蒙新区和华北区成分相互渗透的过渡性特征。除大杜鹃等华北区常见种以外，一些属于蒙新区的种类如凤头百灵、大鸨等也向该地区渗透。

一、多样的栖息环境生活着多样的鸟类

（一）明水面

明水面湿地游禽和涉禽数量较多。南海子湿地的大约有 713hm^2 的明水面，部分水域芦苇和香蒲成片或带状分布于湖面形成芦苇荡，把湖面分割成不同形状和大小的明水区，为水鸟过境栖息提供了良好的栖息环境。明水区水深约 1m，水底光照好，营养丰富，蓖齿眼子菜、狐尾藻、轮藻等水草生长茂盛。水中浮游生物、昆虫及其幼虫丰富，鱼及小虾亦较多，成为水鸟最适宜的取食地。早春，雁鸭类在此捞取上年沉入水底的水草茎和种子；夏季，白骨顶、赤嘴潜鸭等取食当年新生的水草茎叶；秋季，水草种子成熟，为雁鸭，白骨顶等植食性鸟类提供了丰富的食物；冬季，有少量候鸟继续栖息在湿地的活水

初春，冰水交融处觅食鱼类的鸥、鹭

水域，如赤麻鸭、苍鹭、赤膀鸭等。春秋的迁徙季节，赤嘴潜鸭、赤膀鸭、赤麻鸭、斑嘴鸭、绿头鸭、绿翅鸭、普通秋沙鸭、鹊鸭、红头潜鸭、凤头潜鸭等水鸟在开阔水面上集成大群觅食，做短暂停留后，继续北迁或南迁；明水区也是大多数食鱼鸟类的主要觅食地，主要有鸥类、鹭类、鸊鷉类等。大白鹭、苍鹭多在水域苇蒲地边缘及浅水区觅食鱼类，草鹭往往在较为隐蔽的浅水草丛中觅食。

（二）浅水沼泽区

浅水沼泽区形成于黄河凌汛期间黄河水淹没湿地并退水后形成的浅水水域，水深 20 ~ 50cm，生长有稀疏的苇丛和水草，水中的小鱼、小虾和螺类很多，泥中蠕虫、摇蚊目幼虫、毛翅目和浮游目幼虫丰富，是鹭类、鸻鹬类等涉禽的重要取食地。雁鸭类、鸊鷉类、骨顶类也常在这里取食。这里

水浅，早春冰面融化早，北迁而来的水鸟首先在该区停留觅食，鸟的种类和数量均很多，常见的有大白鹭、苍鹭等鹭类以及凤头麦鸡、黑翅长脚鹬、金眶鸻、黑尾塍鹬，扇尾沙锥等鸻鹬类，还有赤嘴潜鸭、鹊鸭、琵嘴鸭、绿翅鸭、针尾鸭等鸭类。秋季，很多鸻形类如黑翅长脚鹬、黑尾塍鹬、鹤鹬等集成大群在此觅食，为南迁做准备。

（三）湿生草甸

南海子湿地保护区有千余公顷的湿生草甸。每年的5月下旬至6月中旬，大片水草露出水面，须浮鸥在水草上营造群巢，巢距不足1米。成鸟飞飞落落，鸣声噪杂。芦苇深处有凤头䴙䴘和白骨顶营巢，凤头䴙䴘的巢多筑于较偏僻的水域，并常和须浮鸥巢混在一起；白骨顶巢筑于水草枯茎堆积处。7月下旬，鹭类在芦苇的丛中集群营巢，群较小，一般为几十只，有时达近百只。

（四）核心区鸟岛

保护区核心区分布有大小不等的12个鸟岛，其中3-4个岛屿露出水面高度小于1m，植物生长稀疏，表面为沙质，主要为普通燕鸥、黑翅长脚鹬、反嘴鹬、金眶鸻的繁殖场所；其他土质岛屿被灰菜、碱蓬或芦草包围，此种生境是赤膀鸭、黑翅长脚鹬等、金眶鸻等鸟类的营巢地，也是雁鸭类和鸥类、鹭类以及早春和晚秋时鸻鹬的休息、过夜场所。早春寒流来临或大风天气，常可见到红嘴巨鸥挤在岛屿上的背风处抵御寒冷。在冬季表面植物覆盖度高的岛屿为雀形目如苇鹀、文须雀等鸟类提供了取食和隐蔽环境，同时也是白尾鹞、红隼等猛禽的觅食巡查地。

（五）农田

在南海子湿地东南分布约1000余公顷的农田，为大量雀形目鸟类提供了丰富的食物和场所。农作物以玉米为主，经济作物以向日葵为主。常见种有麻雀、凤头百灵等。作物的种子为春季黄河开河前后大天鹅、小天

冬季，白雪覆盖了冰面。文须雀啄食芦苇的种子

鹅、鸿雁、豆雁的北迁提供食物补充。秋季，灰鹤常集成 20～40 只的小群，在农田采食农作物。冬季至初春常见种为凤头百灵、苇鹀、喜鹊等。

（六）灌丛林地

在南海子湿地保护区核心区南侧至黄河岸边分布有 200 余公顷的灌丛林地。灌丛植被呈带状主要分布于黄河岸边、盐渍土地和环湖边缘。主要植被亚型有柽柳灌丛、柳灌丛，灌丛林经常为毛脚鵟、红隼等猛禽的停歇地，秋季偶见牛背鹭、夜鹭在此短暂停歇，冬季有金翅雀、锡嘴雀、燕雀等在林区觅食。南海子湿地还分布有人工林，树种主要是杨树、柳树和沙枣树等。高大的柳树上常见有喜鹊的巢，树干中部偶见啄木鸟的巢。冬春季节，山斑鸠、珠颈斑鸠、赤颈鸫、斑鸫及太平鸟几乎都以沙枣以及槐树果实为食。另外，红尾伯劳、喜鹊、戴胜及鹀属小鸟在此取食、停歇。

（七）盐碱化荒漠植被

盐碱化荒漠植被类型位于保护区周围，地势较低，为湖面缩小留下的洼地，主要植物有盐爪爪、白刺和芨芨草，草地上的杂草籽、昆虫及牲畜类中的未消化物为凤头百灵、三道眉草鹀等雀形目小鸟提供了充足的食物，红隼、灰伯劳、戴胜也是这里的常见种。

二、不同的鸟类在周年中表现出相对固定的活动规律

每年的2月中旬至5月初为鸟类迁徙求偶期。随着气温回升，天气转暖，保护区及毗邻区黄河的冰面逐渐融化，以大、小天鹅为代表的雁鸭类及少量的鸥类逐批迁徙到南海子湿地，在这里补充能量，3月中下旬达到迁徙高峰，黄河水逐渐消融退却之后，大部分雁鸭类迁离湿地，只有少部分赤膀鸭、赤嘴潜鸭及白眼潜鸭在此求偶、营巢。4月初湿地的大部分冰面已经融化，以黑翅长脚鹬、反嘴鹬为代表的鸻鹬类及普通燕鸥、红嘴鸥、灰翅浮鸥等鸥类，大白鹭、白琵鹭、夜鹭等大型涉禽逐渐迁徙到湿地，在这里觅食、营巢，准备繁殖。

5月初至9月上旬为湿地候鸟繁育期以及育雏期。最先在南海子湿地繁殖的鸟类为凤头䴙䴘、反嘴鹬、普通燕鸥等，它们5月初开始营巢，5月中下旬可以看到幼鸟。普通燕鸥为本地的优势种，繁殖高峰出现在6月中旬，灰翅浮鸥飞临湿地的时间较晚，一般出现在6月初，营巢时间晚于普通燕鸥1个月左右的时间。7月中旬除少量的凤头䴙䴘和白骨顶繁殖外，大部分的鸟类繁殖期基本结束。7月中旬至9月初为育雏期，湖面上可以看到凤头䴙䴘、鸭类、鹭类等成鸟带领幼鸟在湿地内觅食，须浮鸥的幼鸟多数站在湖中突起的树干、渔网及沙滩上等待大鸟的饲喂。

9月中下旬至11月中旬为候鸟南迁期。包头地区地处我国北方，整个夏天降雨量很低，春季黄河凌汛期补充的黄河水在整个夏季逐渐被蒸发，9月中旬部分明水面的深度小于30cm，南迁鸟类中，以黑尾塍鹬、鹤鹬及红脚鹬为代表的鹬类，以红头潜鸭、绿头鸭为代表的雁鸭类等大量鸟类再次迁徙到湿地。10月为候鸟的南迁高峰期，之后随着气温逐渐下降，水面逐渐结冰，食物减少，候鸟逐渐迁离湿地。

11月下旬至2月中旬为留鸟越冬期，此阶段气温下降至−20℃，保护区水面大部分已经封冻，只有赤麻鸭和绿头鸭白天在少部分没有完全封冻的黄河或活水区采食，晚上夜宿冰面上，保护区内偶见白尾鹞、普通鵟、红隼等猛禽在上空盘旋，捕食雀形目鸟类及鼠类。

根据内蒙古南海子湿地自然保护区鸟类目录，南海子湿地珍稀保护鸟类众多，属于国家国家Ⅰ级保护的鸟类有5种：遗鸥、黑鹳、白尾海雕、大鸨、金雕，属于国家Ⅱ级保护的鸟类有31种：角䴙䴘、卷羽鹈鹕、白琵鹭、疣鼻天鹅、大天鹅、小天鹅、鸳鸯、鹗、白腹鹞、白尾鹞、雀鹰、苍鹰、普通鵟、大鵟、毛脚鵟、草原雕、乌雕、红隼、红脚隼、灰背隼、燕隼、猎隼、游隼、蓑羽鹤、灰鹤、小杓鹬、小青脚鹬、雕鸮、纵纹腹小鸮、长耳鸮、短耳鸮。

根据调查结果统计得知，南海子湿地自然保护区夏候鸟和旅鸟的种数为182种，占所有鸟类总数的80%；留鸟仅有27种，占所有鸟类总种数的12%。候鸟和旅鸟总数超过留鸟数，这是本区鸟类区系的组成特点之一；南海子湿地水鸟数量102种，约占鸟类总数的45%，反映出南海子湿地自然环境属性；南海子湿地全年鸟类组成具有明显的季节性特征：春、秋为候鸟迁徙的高峰期，鸟类种类和数量均较多，种类组成不稳定，冬、夏两季鸟类的种类和数量相对较少，种类组成相对稳定，这与南海子湿地自然保护区所处的地理位置和自然环境条件都有着密切的相关。

001 小䴙䴘
䴙䴘目 PODICIPEDIFORMES
䴙䴘科 Podicipedidae

学名 / *Tachybaptus ruficollis*　英文名 / Little Grebe　俗名 / 王八鸭子

　　形态特征：全长约26cm。虹膜黄色；繁殖期嘴黑色，尖端浅黄，非繁殖期嘴土黄色；跗蹠和趾蓝灰色。夏羽头和上体黑褐色，颊、颈侧红栗色；肩、背、腰及翅上覆羽深棕褐色；尾羽灰白色，绒毛状。冬羽额部至上体棕褐色，背部羽毛黑褐色，尾羽白色。身体短圆，行走笨拙，不善飞行。

　　习性及分布：栖息于湿地浅水、湖泊中，善游泳、潜水，以水生昆虫、鱼、虾等为食。繁殖期6～7月，在开阔水域中营造浮巢，每窝产卵4～7枚。国内广泛分布于各地。本地常见，夏候鸟。

小䴙䴘（育雏）/ 陈学古　摄

小䴙䴘（冬羽）/ 黄进　摄

小䴙䴘（夏羽）/ 虞炜　摄

002 凤头鹛䴙

鹛䴙目 PODICIPEDIFORMES
鹛䴙科 Podicipedidae

学名 / *Podiceps cristatus*　英文名 / Great Crested Grebe　俗名 / 浪花儿

凤头鹛䴙 / 陈学古　摄

　　形态特征：全长约56cm。虹膜橙黄色；嘴暗褐色，嘴基红色，尖端白色；嘴形长而尖，呈锥形。跗蹠和趾青色，内侧暗绿色。颈修长，黑色羽冠明显，上颈具有长羽形成的皱领，皱领羽基棕红，先端黑褐色；上体灰褐色，下体白色。两翅暗褐色，胸和两胁淡棕色。冬羽羽色较夏羽暗，上体呈黑褐色，皱领消失。

　　习性及分布：栖息于湖泊、江河、水库及沼泽地带，适应在较大面积明水区活动。潜水能力强，以软体动物、鱼、虾及水生植物等为食。繁殖期5～7月，在开阔水域中营造浮巢，每窝产卵4～5枚。国内分布广泛，除海南外，见于各地。本地为优势种，夏候鸟。

凤头鹛䴙 / 陈学古　摄

内蒙古南海子湿地鸟类

凤头䴙䴘（进食）/ 陈学古　摄

凤头䴙䴘（求偶）/ 陈学古　摄

凤头䴙䴘（孵化）/ 虞炜　摄

凤头䴙䴘（育雏）/ 李振银　摄

凤头䴙䴘 / 陈学古　摄

14

008 角鸊鷉

鸊鷉目 PODICIPEDIFORMES
鸊鷉科 Podicipedidae

学名 / *Podiceps auritus*　英文名 / Horned Grebe

　　形态特征： 全长约35cm。虹膜红色；嘴黑色，直尖，先端黄色；跗蹠及趾黑蓝或灰色。夏羽眼先金黄色，眼后有一簇状似"角"的金黄色饰羽伸至头顶；额、头顶、后颈黑色，颈侧有皱领，背部暗灰褐色；上胸栗红色，下胸、腹白色。冬羽头顶、后颈和背黑褐色，下体白色。眼后无金黄色饰羽。

角鸊鷉 / 陈学古　摄

　　习性及分布： 栖息于淡水湖泊、河流、沼泽地，以鱼、节肢动物、蛙、蝌蚪等水生动物为食，也食水生植物。繁殖期4～8月，营巢于水生植物丰富的湖泊中，每窝产卵1～7枚。国内繁殖于新疆西部，越冬于浙江、福建、香港、台湾，迁徙时途经黑龙江、辽宁、河北、山东东部。本地偶见，旅鸟。列为国家Ⅱ级重点保护野生动物。

004 黑颈䴙䴘

䴙䴘目 PODICIPEDIFORMES
䴙䴘科 Podicipedidae

学名 / *Podiceps nigricollis*　英文名 / Black-necked Grebe　俗名 / 艄板儿

黑颈䴙䴘 / 聂延秋　摄

形态特征：全长约30cm。虹膜橙红色；嘴黑色，嘴端上翘；跗蹠及趾灰黑。夏羽头、颈、上体黑色，眼后方长有金黄色扇形饰羽。冬羽头侧饰羽和头部的羽冠消失，上体淡灰黑色。

习性及分布：栖息于水库、荷塘、湖泊等，以鱼虾等水生动物为食。繁殖期4～7月，在水上以蒲草、芦苇筑浮巢，每窝产卵3～7枚。国内分布广泛，除西藏、海南外，见于各地。本地常见，夏候鸟。

黑颈䴙䴘 / 李振银　摄

黑颈䴙䴘（育雏）/ 陈学古　摄

黑颈鸊鷉（领域之争）/ 魏永生　摄

黑颈鸊鷉（晾翅）/ 魏永生　摄

黑颈鸊鷉（孵化）/ 陈学古　摄

005 卷羽鹈鹕

鹈形目 PELECANIFORMES
鹈鹕科 Pelecanidae

学名 / *Pelecanus crispus*　英文名 / Dalmatian Pelican　俗名 / 鹈鹕

形态特征：全长约175cm。虹膜淡黄，眼周裸露皮肤粉红；上颚灰色，下颚粉红；嘴宽大，直、长而尖，前端有一个黄色爪状弯钩，下颌具橘黄或淡黄色大型皮囊；跗蹠和趾蓝灰色，4趾之间均有蹼。通体白色。前颈、前胸乳黄色。颈背具卷曲的冠羽，飞翔时仅飞羽羽尖黑色。夏羽腰和尾下覆羽略沾粉红色。

习性及分布：栖息于湖泊、江河、沿海水域，喜群居和游泳，但不会潜水。鸣声低沉而沙哑。颈部常弯曲成"S"形，缩在肩部。以鱼类、甲壳类、软体动物、两栖动物等为食。繁殖期4～6月，营巢于近水的树上，每窝产卵3～4枚。

国内繁殖于内蒙古及宁夏，越冬于甘肃、青海、新疆、华东及华南地区，迁徙时途经华北地区。本地少见，旅鸟。列为国家II级重点保护野生动物。

卷羽鹈鹕（夏羽）/ 郭利明　摄

卷羽鹈鹕 / 陈学古　摄

普通鸬鹚 / 聂延秋　摄

006 普通鸬鹚

鹈形目 PELECANIFORMES
鸬鹚科 Phalacrocoracidae

学名 / *Phalacrocorax carbo*　　英文名 / Great Cormorant　　俗名 / 鱼鹰、乌鬼

形态特征：全长约90cm。虹膜蓝色；嘴黑色，蜡膜黄色；跗蹠及趾黑色。嘴强而长，锥状，先端具锐钩，适于啄鱼。全身黑色并具紫色金属光泽。脸颊及喉白色。夏羽胁下有大形白斑，头及颈密生白色丝状羽。雌雄相似。

习性及分布：喜成群栖息于河湖岸边、水库等水域，以各种鱼类为食。繁殖期5～7月，营巢于湖边、河岸、沼泽地中的树上，有时在湖、河岸边岩石地上或湖的小岛，每窝产卵3～5枚。国内广泛分布于各地。本地常见，夏候鸟。

普通鸬鹚 / 陈学古　摄

普通鸬鹚 / 陈学古　摄

19

007 苍鹭

鹳形目 CICONIIFORMES
鹭　科 Ardeidae

学名 / *Ardea cinerea*　英文名 / Grey Heron　俗名 / 青桩、老等

形态特征：全长约 100cm。虹膜黄色；嘴黄色，嘴峰角褐色；胫裸露部和跗蹠后缘黄色，跗蹠前缘黄褐色，趾淡紫褐色，爪黑色。夏羽头顶两侧及枕部黑色，上体灰色，下体白色，前颈有 2～3 条纵列黑斑。头顶有两条黑色长形辫状饰羽。冬羽辫状饰羽脱落，背、肩部羽毛颜色变深，呈浅褐灰色。两翅小覆羽杂有褐色。

习性及分布：栖息于江河、湖边，以鱼虾、昆虫为食。常单独涉水或长时间在水边站立，可达数小时之久。飞行时颈缩成"S"字形，两翼扇动缓慢。晚上多成群栖息于高大的树上。繁殖期 4～6 月，筑巢于高大乔木上或苇丛中，每窝产卵 3～6 枚。国内广泛分布于各地。本地为优势种，夏候鸟。

苍鹭 / 杜宇　摄

苍鹭（亚成鸟）/ 杜宇　摄

苍鹭 / 陈学古　摄

008 草鹭

鹳形目 CICONIIFORMES
鹭 科 Ardeidae

学名 / *Ardea purpurea*　英文名 / *Purple Heron*　俗名 / 黄庄、柴鹭

草鹭 / 徐文潮　摄

形态特征：全长约95cm。虹膜黄色；嘴黄褐色；胫裸露部黄色；跗蹠和趾栗褐色，爪黑褐色。头顶蓝黑色。枕具2条黑色长形辫状饰羽，繁殖期过后脱落；眼先黄绿色，颈细长，栗褐色，两侧有黑蓝色纵纹，前颈下部长有灰色的矛状饰羽；上体栗褐色，胸、腹中央铅灰色，两侧暗栗色。

习性及分布：栖息于稠密的芦苇沼泽或水域附近灌丛中，活动时彼此分散或成对觅食，休息时多聚集在一起。飞行时颈向后缩成"S"字形。以鱼、虾、昆虫等动物性食物为食。觅食活动在白天，尤以早晨和黄昏觅食活动最为频繁。繁殖期5～7月，营巢于偏僻的苇塘或枝叶浓密的树上，每窝产卵3～5枚。国内分布广泛，除新疆、西藏、青海外，见于各地。本地常见，夏候鸟。

草鹭（亚成鸟）/ 陈学古　摄

大白鹭／陈学古 摄

009 大白鹭
鹳形目 CICONIIFORMES
鹭 科 Ardeidae

学名 / *Ardea alba*　英文名 / Great Egret　俗名 / 白庄、冬庄、白洼

　　形态特征：全长约95cm。虹膜黄色；嘴黄色，繁殖期黑色；跗蹠、趾及爪黑色，繁殖期胫部裸露皮肤红色。通体白色，嘴、颈、跗蹠、趾特别长。夏羽眼先黄绿色，颈和肩部具细长蓑羽。冬羽眼先黄色，无蓑羽。

　　习性及分布：栖息于湖泊、河流、沼泽等水域附近，成小群岸边取食鱼、虾、昆虫等。繁殖期5～7月，营巢于高大的树上或芦苇丛中，多集群营巢，每窝产卵3～6枚。国内繁殖于东北地区、河北、北京、天津、云南、海南等地，越冬于西藏南部、陕西、闽广沿海地区及台湾，迁徙时途经甘肃、新疆、华北地区及华东地区。本地为优势种，夏候鸟。

大白鹭／虞炜 摄

22

大白鹭 / 陈学古　摄

大白鹭 / 陈学古　摄

白鹭 / 徐文潮 摄

010 白鹭

鹳形目 CICONIIFORMES
鹭　科 Ardeidae

学名 / *Egretta garzetta*　英文名 / Little Egret　俗名 / 小白鹭、白鹭鸶、白翎鸶

　　形态特征：全长约60cm。虹膜黄色；脸部裸露皮肤黄绿色，于繁殖期为淡粉色；嘴、胫、跗蹠黑色，趾黄色。夏羽纯白色，颈背具细长饰羽，背及胸具蓑状羽。冬羽时蓑羽常全部脱落。

　　习性及分布：栖息于稻田、河岸、沙滩、泥滩及沿海小溪流。成散群进食，常与其他种类混群，与其他水鸟一道集群营巢，以鱼类、两栖类、爬虫类及甲壳动物等为食。繁殖期4～7月，在乔木或者在地面筑巢，每窝产卵3～6枚。国内多为留鸟和夏候鸟，除山西、新疆、云南、西藏等地外多有分布。本地常见，旅鸟。

白鹭（夏羽）/ 聂延秋　摄

白鹭（冬羽）/ 苗春林　摄

011 牛背鹭

鹳形目 CICONIIFORMES
鹭 科 Ardeidae

学名 / *Bubulcus ibis*　英文名 / Cattle Egret　俗名 / 黄头鹭、畜鹭

牛背鹭 / 陈学古　摄

牛背鹭 / 聂延秋　摄

牛背鹭 / 徐文潮　摄

　　形态特征：全长约51cm。虹膜黄色，眼先裸部黄色；嘴黄色；跗蹠和趾暗黄至近黑色。嘴厚，颈短粗。夏羽头、颈、上胸及背部中央的蓑羽呈淡黄至橙黄色，余部纯白色。冬羽通体白色，无蓑羽。雌雄同色。

　　习性及分布：栖息于低山、平原、湖泊、沼泽等地，常成对或小群活动，休息时喜站树梢上。以耕牛或其他牲畜体上的寄生虫及鱼、虾、蛙、昆虫等为食。常停留于牛背或其他家畜背上，啄食寄生虫。繁殖期4～7月，成群营巢于树上或竹林上，每窝产卵3～6枚。国内分布广泛，除宁夏外，见于各地。本地少见，旅鸟。

012 池鹭

鹳形目 CICONIIFORMES
鹭 科 Ardeidae

学名 / *Ardeola bacchus*　英文名 / Chinese Pond Heron　俗名 / 红毛鹭

形态特征：全长约45cm。虹膜黄色，眼周裸出，黄绿色；嘴尖端黑色，中部黄色，基部蓝色；跗蹠及趾绿灰色。夏羽头及颈深栗色，胸绛紫色，体背黑灰色，翅白色。冬羽头、颈、胸部的颜色换为黄褐色与白色相杂的纵纹，体背黑灰色变为绛紫色。雌雄同色。

习性及分布：栖息于池塘、沼泽及稻田中。常结小群涉水觅食，以鱼、虾、昆虫为食，偶尔也吃少量植物性植物。繁殖期3～7月，集群在高大乔木上筑巢，每窝产卵2～5枚。国内分布广泛，除黑龙江、宁夏外，见于各地。本地少见，夏候鸟。

池鹭（亚成鸟）/ 虞炜　摄

池鹭 / 聂延秋　摄

池鹭 / 黄进　摄

013 夜鹭

鹳形目 CICONIIFORMES
鹭　科 Ardeidae

学名 / *Nycticorax nycticorax*　英文名 / Black-crowned Night Heron　俗名 / 水洼子、灰洼子

　　形态特征：全长约 55 cm。虹膜血红色，眼先黄绿色；嘴黑色；跗蹠和趾黄绿色，爪黑色。体型粗胖，颈短，头顶到背棕褐色至黑褐色，颊、颈侧、胸和两胁淡灰色，其余下体白色。雄鸟枕后有 2～3 枚白色长饰羽，雌鸟无。

　　习性及分布：栖息于平原、丘陵地带的农田、沼泽、池塘。白天常隐蔽在沼泽、灌丛或林间，晨昏和夜间活动，以鱼、虾、昆虫等为食。繁殖期 4～7 月，营巢于各种高大的树上，每窝产卵 3～5 枚。国内分布广泛，除西藏外，见于各地。本地常见，夏候鸟。

夜鹭 / 陈学古　摄

夜鹭（亚成鸟）/ 陈学古　摄

黄斑苇鳽 / 聂延秋　摄

014 黄斑苇鳽

鹳形目 CICONIIFORMES
鹭　科 Ardeidae

学名 / *Ixobrychus sinensis*　英文名 / Yellow Bittern　俗名 / 水骆驼、小老等

形态特征：全长约35cm。虹膜黄色，眼先裸露部黄绿色；嘴淡黄色，嘴峰暗褐色；跗蹠和趾黄绿色，爪黄色。雄鸟头顶和枕部冠羽黑色，头侧淡棕沾紫色，颏喉部白色，有深棕色中央纵纹；上体黄褐色，下体皮黄色，飞行时黑色飞羽和尾羽清晰可见。雌鸟头顶栗褐色，背部栗红色，颈及胸部的深棕色纵斑更为明显。

习性及分布：主要栖息于沼泽、池塘、湖泊周边的草丛中，常单独活动。取食水生动物和昆虫。繁殖期5～7月，营巢于水草丛中，每窝产卵4～6枚。国内分布广泛，除青海、新疆、西藏外，见于各地。本地常见，夏候鸟。

黄斑苇鳽 / 聂延秋　摄

黄斑苇鳽 / 苗春林　摄

015 紫背苇鳽

鹳形目 CICONIIFORMES
鹭 科 Ardeidae

学名 / *Ixobrychus eurhythmus*   英文名 / Schrenck's Bittern   俗名 / 黄鳝公、紫小水骆驼

形态特征：全长约39cm。虹膜黄色；上嘴黑色，嘴缘皮黄色；跗蹠橄榄色。雄鸟头顶黑色，上体栗色，下体棕白色具深色纵纹，喉至胸具深色纵纹中线。雌鸟头顶黑色，上体紫栗色并有多处白色点斑，下体、喉及胸除深色纵纹中线外另具纵纹。

习性及分布：栖息于湖泊、沼泽与河流两岸的芦苇草丛或林中湿地，常单独活动，性隐蔽，以鱼虾和水生昆虫为食。繁殖期5～7月，营巢于草丛、苇丛中，每窝产卵3～5枚。国内多为夏候鸟，繁殖于东北、华北、华东、西南、华中、华南地区，越冬于海南，迁徙时途经台湾。本地少见，夏候鸟。

紫背苇鳽 / 聂延秋　摄

紫背苇鳽 / 黄进　摄

018 大麻鸦

鹳形目 CICONIIFORMES
鹭　科 Ardeidae

学名 / *Botaurus stellaris*　英文名 / Eurasian Bittern　俗名 / 大水骆驼、蒲鸡

大麻鸦 / 苗春林　摄

形态特征：全长约70cm。虹膜黄色；嘴型短，黄色；跗蹠和趾黄绿色，爪黄褐色。身体较粗胖，体羽棕黄色。额、头顶和枕部黑色；眉纹短，淡黄白色；喉白色且具黑色条纹。雌雄相似，雌鸟羽色稍淡。

习性及分布：栖息于水域附近沼泽草丛、芦苇丛中，白天隐藏于蒲草苇丛中，以鱼、虾、蛙、昆虫等为食。夜行性。繁殖期5～7月，营巢于苇丛、草丛中，每窝产卵4～6枚。繁殖期常发出"哗、哗"的声音，故又被称为"水牛"。国内分布广泛，除西藏、青海外，见于各地。本地常见，夏候鸟。

大麻鸦 / 聂延秋　摄

017 黑鹳

鹳形目 CICONIIFORMES

鹳 科 Ciconiidae

学名 / *Ciconia nigra*　英文名 / Black Stork　俗名 / 黑老鹳、乌鹳

形态特征：全长约105cm。虹膜暗褐色；嘴长且粗壮，红色；跗蹠和趾红色。头、颈、翅、背和尾黑色，有紫绿色光泽；下胸浓褐色，后胸、腹、两胁白色。

习性及分布：栖息于河流、水塘、湖泊等水域岸边和附近沼泽湿地，以鱼、蛙和甲壳类动物为食。繁殖期4～7月，在树上或岩壁石缝中筑巢，每窝产卵3～5枚。国内分布广泛，除西藏外，见于各地。本地少见，旅鸟。列为国家Ⅰ级重点保护野生动物。

黑鹳 / 黄进　摄

黑鹳 / 陈学古　摄

018 白琵鹭

鹳形目 CICONIIFORMES
鹮 科 Threskiornithidae

学名 / *Platalea leucorodia*　英文名 / White Spoonbill　俗名 / 琵琶嘴鹭、琵琶鹭

形态特征：全长约86cm。虹膜暗褐色；嘴黑色，先端黄色，长直而扁平，中段狭，尖端扩展为匙状，形似琵琶，上嘴背面具波状纹；眼先、额前缘黑色；胫裸出部、跗蹠、趾、爪黑色。夏羽全身白色，枕部具长的黄色丝状饰羽，上喉及胸部沾黄色，颊、喉部黄色。冬羽全身白色，无枕部饰羽。雌雄相似。

习性及分布：栖息于沼泽、河滩、苇塘等湿地。喜群居，以小型动物、水生植物为食。捕食时在水中缓慢行走，左右摆动头部搜索。繁殖期5～7月，营巢于岸边高树或芦苇丛中，每窝产卵3～4枚。国内广泛分布于各地。本地为优势种，夏候鸟。列为国家Ⅱ级重点保护野生动物。

白琵鹭 / 李振银　摄

白琵鹭 / 陈学古　摄

白琵鹭 / 聂延秋 摄

白琵鹭 / 虞炜 摄

白琵鹭 / 苗春林 摄

疣鼻天鹅 / 陈学古 摄

019 疣鼻天鹅

雁形目 ANSERIFORMES
鸭 科 Anatidae

学名 / *Cygnus olor*　英文名 / Mute Swan　俗名 / 赤嘴天鹅、瘤鹄

　　形态特征：全长约 150cm。虹膜棕褐色；嘴赤红色，基部黑色；跗蹠及趾黑色。通体雪白，眼先黑色，前额有黑色疣突，头顶、上颈稍沾棕黄色。雌雄同色，雌鸟疣突不明显。

　　习性及分布：栖息于多水草宽阔的水面。常成对或以家族群活动，取食水生植物茎叶和果实。游水时颈部多呈"S"形，两翼常向外、向上蓬起。繁殖期 4～5 月，营巢于芦苇丛中，每窝产卵 4～9 枚。国内繁殖于河北、北京、天津、山东东部、内蒙古、甘肃西北部、新疆中部和北部、青海中部、四川北部，迁徙时途经江苏、浙江。本地常见，旅鸟。列为国家 II 级重点保护野生动物。

疣鼻天鹅 / 苗春林 摄

疣鼻天鹅 / 聂延秋 摄

疣鼻天鹅（育雏）/ 陈学古　摄

疣鼻天鹅（晾翅）/ 苗春林　摄

疣鼻天鹅一家 / 苗春林　摄

疣鼻天鹅（领域之争）/ 陈学古　摄

与小天鹅混群的疣鼻天鹅 / 李振银　摄

020 大天鹅

雁形目 ANSERIFORMES
鸭 科 Anatidae

学名 / *Cygnus cygnus*	英文名 / Whooper Swan	俗名 / 咳声天鹅、喇叭天鹅

形态特征：全长约 140cm。虹膜暗褐色；嘴尖黑色，眼先及嘴基黄色并超过鼻孔；趾间具蹼，跗蹠、趾、蹼、爪黑色。通体白色，颈修长。雌雄同色，雌鸟体型较雄鸟略小。

习性及分布：栖息于开阔的河、湖、水库，成群活动。善游泳，游泳时颈向上伸直，与水面成垂直姿势。主要以水生植物的茎、叶、种子和根为食，偶尔取食软体动物、水生昆虫等。繁殖期5～6月，营巢于蒲苇地，每窝产卵4～7枚。国内繁殖于东北地区、内蒙古西部、宁夏、甘肃、新疆西北部，越冬于黄河中游以南，迁徙时途经内蒙古中部和东部地区。本地常见，旅鸟。列为国家Ⅱ级重点保护野生动物。

大天鹅 / 陈学古 摄

大天鹅 / 陈学古 摄

大天鹅与赤麻鸭混群 / 陈学古　摄

大天鹅 / 陈学古　摄

大天鹅 / 虞炜　摄

021 小天鹅

雁形目 ANSERIFORMES
鸭　科 Anatidae

学名 / *Cygnus columbianus*　英文名 / Tundra Swan　俗名 / 短嘴天鹅

小天鹅 / 陈学古　摄

　　形态特征：全长约110cm。虹膜棕色；嘴黑色，嘴基两侧黄斑沿嘴缘前伸未超过鼻孔；跗蹠、趾、蹼、爪黑色。体羽洁白，体型比大天鹅小。雌雄同色，雌鸟体型较雄鸟略小。

　　习性及分布：栖息于开阔的河、湖、水塘中，主要以水中植物的根、茎和种子为食。繁殖期6～7月，在水域附近的灌丛中或草地上营巢，每窝产卵3～4枚。国内多为旅鸟和冬候鸟，迁徙时途经内蒙古、华北及华中地区，越冬于长江中下游、东南沿海、台湾。本地常见，旅鸟。列为国家Ⅱ级重点保护野生动物。

小天鹅 / 聂延秋　摄

小天鹅 / 陈学古　摄

鸿雁 / 聂延秋 摄

022 鸿雁
雁形目 ANSERIFORMES
鸭　科 Anatidae

学名 / *Anser cygnoides*　英文名 / Swan Goose　俗名 / 黑嘴雁

　　形态特征：全长约90cm。虹膜栗色，嘴黑色，跗蹠和趾橘黄色。全身灰褐色，上体羽有明显皮黄色羽缘；头顶至后颈棕褐色，下腹和尾下覆羽白色，两胁有褐色横斑。尾羽黑色，有白色端斑。雌雄相似，但雄鸟较雌鸟略大，嘴基疣状突较雌鸟明显。

　　习性及分布：栖息于河、湖、沼泽地带及附近草地中，性机警，喜群居。繁殖期5～6月，在沼泽中筑巢，每窝产卵2～4枚。国内分布广泛，除陕西、西藏、贵州、海南外，见于各地。本地少见，旅鸟。

鸿雁 / 王中强 摄

023 豆雁

雁形目 ANSERIFORMES
鸭 科 Anatidae

学名 / *Anser fabalis* 英文名 / Bean Goose 俗名 / 麦鹅

形态特征：全长约85cm。虹膜暗褐色；嘴甲黑色，嘴黑褐色，嘴端具橘黄色斑带并延伸至嘴角；跗蹠及趾橙黄色，爪黑色。头、颈部棕褐色，上体肩背部褐灰色，有近白色羽缘；腰黑褐色，下体淡棕褐色，腹部污白色，尾下覆羽白色，尾羽暗褐色并具白色端斑。雌雄相似，雌鸟体型略小于雄鸟。

习性及分布：栖息于江河、湖泊、沼泽及水库等开阔水面及其岸边。性喜集群，除繁殖期外，常成群活动。繁殖期5～6月，在多湖泊的苔原沼泽地上营巢，每窝产卵3～8枚。国内多为旅鸟和冬候鸟，迁徙时途经东北和华北地区、内蒙古、青海、新疆等地，越冬于东南沿海、华南地区等地。本地常见，旅鸟。

豆雁 / 王中强 摄

024 灰雁
雁形目 ANSERIFORMES
鸭 科 Anatidae

学名 / *Anser anser*　英文名 / Graylag Goose　俗名 / 灰腰雁、红嘴雁

形态特征：全长约85cm。虹膜褐色，嘴、跗蹠和趾粉红色。额、头顶、枕部及后颈淡棕褐色，额前缘及眼先锈黄色，头侧、颏、喉和前颈淡棕灰色。颈侧及后颈黑褐色，缀白色细密纹。背部灰褐色，有白色羽缘，下体污白色，并杂以暗褐色小块斑。雌雄相似，雌性略小。

习性及分布：主要栖息于湖泊、河湾、沼泽等淡水水域及其附近的草地，以植物茎叶、种子为食，也食螺、虾、鞘翅目昆虫。喜成群活动，繁殖期4～5月，筑巢于周围有较大沙洲的苇地，每窝产卵4～8枚。国内广泛分布于各地。本地常见，旅鸟。

灰雁 / 黄进　摄

灰雁 / 聂延秋　摄

赤麻鸭 / 陈学古　摄

025 赤麻鸭

雁形目 ANSERIFORMES
鸭　科 Anatidae

学名 / *Tadorna ferruginea*　英文名 / Ruddy Shelduck　俗名 / 黄鸭、黄凫

　　形态特征：全长约64cm。虹膜暗褐色，嘴黑色，跗蹠、蹼、爪黑色。通体橙栗色，头黄，飞行时白色的翼上覆羽及铜绿色翼镜明显。雄鸟夏羽颈基部有一狭窄的黑色颈环。雌鸟羽色较淡，颈基部无黑色颈环。

　　习性及分布：栖息于河流、湖泊、洼地、沼泽、滩地、盐田等环境，以各种谷物、水生植物、昆虫、蛙虾等为食。繁殖期4～5月，在草原和荒漠水域附近洞穴中营巢，每窝产卵6～10枚。国内分布广泛，除海南外，见于各地。本地常见，旅鸟。

赤麻鸭（左雌右雄）/ 陈学古　摄

赤麻鸭（左雄右雌）／陈学古　摄

赤麻鸭（在南海子湿地越冬的赤麻鸭）／寿凯旋　摄

026 翘鼻麻鸭

雁形目 ANSERIFORMES
鸭　科 Anatidae

学名 / *Tadorna tadorna*　英文名 / Common Shelduck　俗名 / 冠鸭、白鸭

形态特征：全长约 59cm。虹膜棕褐色；嘴上翘，赤红色，繁殖期雄鸟嘴基具红色皮质肉瘤；跗蹠、趾、蹼肉红色。雄鸟头和上颈黑色，有绿色金属光泽，颈下部及前胸白色；上背至胸有栗色环带，并在胸部加宽；背部、体侧、尾均白色。雌鸟羽色较雄鸟暗淡，头部不具绿色金属光泽。

习性及分布：栖息于开阔的盐碱平原及芦苇沼泽地带，迁徙和越冬期间也栖息于淡水湖泊、水库、河口等地。善游泳和潜水，性机警，以昆虫、软体动物、甲壳类等为食物，也吃植物性食物。繁殖期 6 ～ 7 月，营巢于海岸和湖边沙丘或石壁间，有时也在开阔草原上天然洞穴或狐、兔等动物的废弃洞穴中营巢。每窝产卵 7 ～ 12 枚。国内分布广泛，除海南外，见于各地。本地少见，旅鸟。

翘鼻麻鸭 / 寿凯旋　摄

翘鼻麻鸭 / 陈学古　摄

翘鼻麻鸭（左雄右雌）/ 聂延秋　摄

027 鸳鸯

雁形目 ANSERIFORMES
鸭 科 Anatidae

学名 / *Aix galericulata*   英文名 / Mandarin Duck   俗名 / 官鸭、邓木鸟

形态特征：全长约 42 cm。虹膜褐色；雄鸟嘴红色，雌鸟灰色；跗蹠和趾近黄色。雄鸟羽色艳丽，冠羽明显，眉纹白色，翅上有 1 对直立的橙黄色羽帆；上胸紫褐色，下胸两侧各有两条白色纵纹。雌鸟体羽灰褐色，无冠羽和羽帆，眼周白色，与白色眉相连，胸、胁具点状纵纹。

习性及分布：栖息于芦苇沼泽、河谷、湖泊、溪流岸滩等地，杂食性。繁殖期 4～6 月，水边树洞中筑巢，每窝产卵 8～10 枚。国内分布广泛，除新疆、西藏、青海外，见于各地。本地偶见，旅鸟。列为国家 II 级重点保护野生动物。

鸳鸯（雄鸟）／聂延秋　摄

鸳鸯（左雌右雄）／朱国钰　摄

45

赤颈鸭 / 聂延秋　摄

028 赤颈鸭

雁形目 ANSERIFORMES
鸭　科 Anatidae

学名 / *Anas penelope*　**英文名 /** Eurasian Wigeon　**俗名 /** 鹤子鸭

形态特征：全长约50cm。虹膜棕褐色；嘴蓝灰色，尖端近黑；跗蹠和趾棕褐色，蹼和爪黑褐色。雄鸟上胸灰棕色，尾下覆羽绒黑色，下体余部纯白色；背羽和两胁灰白色，布满暗褐色波状细纹；体侧有一明显白斑，翼镜翠绿色，覆羽白色在体侧形成白色纵带；头颈棕红色，额至头顶金黄色，胸淡葡萄红色。雌鸟背部黑褐色，翼镜暗灰褐色，胸、胁多棕色，腹及尾下覆羽白色。

习性及分布：栖息于沼泽、湖泊、池塘、河流浅水地，尤喜在水草丛生的岸边活动，以植物茎、根为食。繁殖期5～7月，在岸边筑巢，每窝产卵7～11枚。国内广泛分布于各地。本地常见，旅鸟。

赤颈鸭（雄鸟）/ 沈越　摄

赤颈鸭（左雄右雌）/ 聂延秋　摄

029 罗纹鸭
雁形目 ANSERIFORMES
鸭 科 Anatidae

学名 / *Anas falcata*　英文名 / Falcated Duck　俗名 / 葭凫、镰刀鸭

罗纹鸭 / 陈学古 摄

罗纹鸭（左雄右雌）/ 聂延秋 摄

罗纹鸭（雄鸟）/ 黄进 摄

　　形态特征：全长约 48cm。虹膜褐色；嘴黑褐色；跗蹠和趾橄榄绿色，爪青灰色。雄鸟头顶栗色，头颈两侧及颈冠铜绿色，颈前白色；卜体灰白色，满布暗褐色波状细纹；下体白色，具暗褐色斑纹，翼镜黑绿色。雌鸟较雄鸟小，上体黑褐色，背和两肩有"U"形淡棕色细斑，下体棕白色，胸部密杂暗褐色斑纹。

　　习性及分布：栖息于河流、湖泊及附近的沼泽地，以水生植物及其草籽为食，偶食水生昆虫、软体动物。繁殖期 5～7 月，营巢于河湖边、沼泽地草丛或灌木丛中，每窝产卵 6～10 枚。国内分布广泛，除甘肃、新疆外，见于各地。本地少见，旅鸟。

030 赤膀鸭

雁形目 ANSERIFORMES
鸭 科 Anatidae

学名 / *Anas strepera*　英文名 / Gadwall　俗名 / 青边仔、漈凫

赤膀鸭（左雌右雄）/ 聂延秋　摄

赤膀鸭（左雌右雄）/ 陈学古　摄

赤膀鸭（雌鸟）/ 苗春林　摄

形态特征：全长约 52 cm。虹膜褐色；嘴橙黄色但中部灰色，雄鸟繁殖期时嘴为灰色；跗蹠及趾橙黄色，爪灰黑色。雄鸟上背暗褐色，胸褐色有半月形白色细斑；贯眼纹黑褐色；肩羽长为红褐色，中覆羽红褐色，尾上尾下覆羽黑色，腹部白色，翼镜黑白色。雌鸟体羽褐色斑驳，腹部棕白色。

习性及分布：栖息于江河、湖泊等内陆水域中，以植物性食物为主。繁殖期 5 ～ 7 月，营巢于水边草丛或灌木丛中，每窝产卵 7 ～ 11 枚。国内广泛分布于各地。本地常见，夏候鸟。

绿翅鸭 / 虞炜 摄

031 绿翅鸭

雁形目 ANSERIFORMES
鸭 科 Anatidae

学名 / *Anas crecca*　　**英文名** / Green-winged Teal　　**俗名** / 小水鸭

　　形态特征： 全长约 37cm。虹膜褐色，嘴、跗蹠及趾灰色。雄鸟头颈深栗色，具粗大的绿色贯眼纹，眼上下具狭窄白色纵纹；肩羽具细长白色条纹，颈侧及胁具细密条纹，双翅黑褐色，翼镜翠绿色；尾黑褐色，尾下覆羽具三角形黄斑。雌鸟体羽褐色斑驳，头、颈棕灰色，有贯眼纹，背棕黑色，有棕黄色"V"形斑和白色羽缘，翼镜较小。

　　习性及分布： 栖息于江河、湖泊和海湾等水域，以植物性食物为主。繁殖期 5～7 月，在灌草丛里筑巢，每窝产卵 8～11 枚。国内广泛分布于各地。本地常见，旅鸟。

绿翅鸭（雄鸟）/ 苗春林　摄

绿翅鸭（雌鸟）/ 陈学古　摄

49

032 绿头鸭
雁形目 ANSERIFORMES
鸭 科 Anatidae

学名 / *Anas platyrhynchos*　英文名 / Mallard　俗名 / 大绿头、大红腿鸭、官鸭

绿头鸭 / 聂延秋　摄

　　形态特征：全长约57cm。虹膜褐色；雄鸟嘴黄色，雌鸟嘴黑褐色；跗蹠和趾橘黄色，爪黑色。雄鸟上体黑褐色，下体灰白色；头和颈灰绿色，颈基有1条白色领环与栗色胸相隔；翼镜紫蓝色，前后缘有黑色窄条纹及宽阔白边；中央2对尾羽绒黑色，末端向上卷曲。雌鸟上体黑褐色，下体浅棕色，具褐色斑点，腹灰白色。

　　习性及分布：栖息于水浅且水生植物丰盛的湖泊、池沼、江河等水域，以野生植物种子、茎叶、谷物、藻类、昆虫、软体动物等为食。繁殖期4～6月，营巢环境多样，每窝产卵10枚左右。国内广泛分布于各地。本地常见，旅鸟。

绿头鸭（雄鸟）/ 聂延秋　摄

绿头鸭（雌鸟）/ 亦诺　摄

083 斑嘴鸭

雁形目 ANSERIFORMES
鸭 科 Anatidae

学名 / *Anas poecilorhyncha*　　**英文名** / *Spot-billed Duck*　　**俗名** / 花嘴鸭、谷鸭

　　形态特征：全长约60cm。虹膜褐色；嘴黑色而端黄，于繁殖期黄色嘴端顶尖有黑点；跗蹠与趾橙黄色，爪黑色。雌雄相似。雄鸟上体灰褐沾棕色，下体以褐色为主。黑色黄眼纹明显，翼镜蓝色或绿紫色，飞行时白三级飞羽明显。雌鸟羽色较暗。

　　习性及分布：主要栖息在内陆湖泊、水库、沼泽地带，迁徙期间和冬季也出现在沿海和农出地带，主食水生植物的叶、嫩芽、茎、根和藻类等植物性食物。繁殖期5～7月，营巢于岸边草丛中或芦苇丛中，每窝产卵8～14枚。国内广泛分布于各地。本地常见，夏候鸟。

斑嘴鸭／陈学古　摄

斑嘴鸭／聂延秋　摄

084 针尾鸭

雁形目 ANSERIFORMES
鸭 科 Anatidae

学名 / *Anas acuta*　英文名 / Northern Pintail　俗名 / 尖尾鸭、长尾鸭

形态特征：全长约 65cm。虹膜褐色；雄鸟上嘴暗铅色，嘴甲与下嘴黑褐色，雌鸟嘴黑色；跗蹠和趾灰黑色。雄鸟头部暗褐色，额、顶、枕部沾棕色，头侧具褐色鱼鳞斑，颈侧与下体连成白色，背部杂以灰白色与褐色相间的横纹斑，肩羽黑色；翼镜铜绿色；尾羽黑褐色，中央一对尾羽特别长。雌鸟体型较小，上体黑褐色且具棕色细斑，无翼镜，中央尾羽不延长，下体白色。

针尾鸭（雄鸟）/ 聂延秋　摄

习性及分布：栖息于河、湖开阔水面，以水生植物、种子、昆虫和软体动物为食。5～6月繁殖，营巢于湖边、河岸边上草丛中或有稀疏植物覆盖的低地上，每窝产卵 7～11 枚。国内广泛分布于各地。本地常见，旅鸟。

针尾鸭（雌鸟）/ 聂延秋　摄

白眉鸭（左雄右雌）/ 聂延秋　摄

085 白眉鸭
雁形目 ANSERIFORMES
鸭　科 Anatidae

学名 / *Anas querquedula*　英文名 / Garganey　俗名 / 小石鸭

　　形态特征：全长约40cm。虹膜黑褐色，嘴棕黑色，跗蹠和趾深灰色。雄鸟头、颈淡棕色，具宽阔白色眉纹；肩羽形长，黑白色，翼镜亮绿色带白色边缘；胸部棕色具深色斑，腹部白色。雌鸟眉纹棕白色，翼镜不明显，上体大致黑褐色，颊具棕白斑。

　　习性及分布：栖息于湖泊、沼泽、水塘，以水草、种子及谷物等为食。繁殖期5～7月，营巢于沼泽地及近水灌丛下，每窝产卵7～12枚。国内广泛分布于各地。本地少见，旅鸟。

白眉鸭（雄鸟）/ 沈越　摄

038 琵嘴鸭

雁形目 ANSERIFORMES
鸭 科 Anatidae

学名 / *Anas clypeata*   英文名 / Northern Shoveler   俗名 / 琵琶嘴鸭、铲土鸭

形态特征：全长约 48cm。雄鸟虹膜金黄色，雌鸟褐色；雄鸟嘴近黑色，雌鸟黄褐色；跗蹠和趾橘黄色。嘴与其他鸭类相比，较长、较宽，末端扩大呈匙形。雄鸟腹部栗色，胸白，头、颈深绿色而具金属光泽；翼镜翠绿色；胸至上背两侧及外侧肩羽白色，尾近白色；飞行时浅灰蓝色的翼上覆羽与绿色翼镜成对比。雌鸟体羽褐色斑驳，翼镜小。

习性及分布：栖息于湖泊、河流、芦苇沼泽等地，以水生动物和种子为食。繁殖期 5～7 月，筑巢于芦苇及沼泽区域，每窝产卵 8～14 枚。国内广泛分布于各地。本地常见，夏候鸟。

琵嘴鸭 / 杜宇 摄

琵嘴鸭（雄鸟）/ 苗春林 摄

琵嘴鸭（左雄右雌）/ 陈学占 摄

赤嘴潜鸭 / 陈学古 摄

赤嘴潜鸭（雌鸟）/ 苗春林 摄

赤嘴潜鸭（左雌右雄）/ 苗春林 摄

037 赤嘴潜鸭

雁形目 ANSERIFORMES
鸭　科 Anatidae

学名 / *Netta rufina*　英文名 / Red-crested Pochard　俗名 / 红头、红嘴鸭

　　形态特征：全长约53cm。虹膜棕褐色；雄鸟嘴赤红色，雌鸟嘴黑色带黄色嘴尖；雄鸟跗蹠和趾粉红，雌鸟灰色。雄鸟头栗红色，羽冠棕黄色，下颈至上背黑色，两胁白色，翼镜白色。雌鸟除颊、颈部污白色外，其余为褐色。

　　习性及分布：栖息于河湖、芦苇沼泽等。通过潜水取食，常尾朝上、头朝下在浅水觅食，主食水生植物嫩芽、禾本科植物、草籽及螺类等。繁殖期4～6月，多营巢于有芦苇和蒲草的湖心岛上、水边草丛，每窝产卵6～12枚。国内繁殖于内蒙古、宁夏、甘肃南部、新疆、西藏南部，越冬于云南、四川西部、重庆、贵州、湖北中部、福建，迁徙时途经北京、山东、河南、陕西、青海。本地为优势种，夏候鸟。

088 红头潜鸭

雁形目 ANSERIFORMES
鸭　科 Anatidae

| 学名 / *Aythya ferina* | 英文名 / Common Pochard | 俗名 / 红头鸭 |

　　形态特征：全长约46cm。雄鸟虹膜红色，雌鸟黑色；嘴灰色而端黑；跗蹠及趾灰色。雄鸟头和上颈栗红色，胸黑色，体背及胁灰色，缀以黑色虫纹状细纹，腹部白色。雌鸟头和颈棕色，脸侧显淡并具白色外缘，体背淡灰色，无斑纹。

　　习性及分布：栖息于芦苇沼泽及有水生植物的池塘河流中，以水生植物、软体动物、鱼、蛙等为食。繁殖期4～6月，营巢于水边芦苇丛或三棱草丛中地上，每窝产卵6～12枚。国内分布广泛，除海南外，见于各地。本地为优势种，夏候鸟。

红头潜鸭（雄鸟）／聂延秋　摄

红头潜鸭（雌鸟）／苗春林　摄

57

089 白眼潜鸭

雁形目 ANSERIFORMES
鸭　科 Anatidae

学名 / *Aythya nyroca*　　英文名 / Ferruginous Duck　　俗名 / 白眼凫、白眼鸭

　　形态特征：全长约41cm。雄鸟虹膜银白色，雌鸟灰褐色；嘴黑灰色或黑色；跗蹠黑色。雄鸟头、颈、胸及两胁浓栗色，上体黑褐色，腹及尾下覆羽白色。雌鸟头和颈棕褐色，上体暗褐色，腰和尾上覆羽黑褐色。飞行时，飞羽具白色翼带及黑色羽缘。

　　习性及分布：栖息于有水草的沼泽、池塘、河流，以水生植物嫩芽、茎、昆虫等为食。繁殖期4～6月，营巢于水边浅水处芦苇丛或蒲草丛中，每窝产卵通常7～11枚。国内繁殖于内蒙古、新疆、西藏南部，越冬于山东、湖南、贵州等地，迁徙时途经内蒙古中西部、甘肃、四川、云南及广西等地。本地为优势种，夏候鸟。

白眼潜鸭（左雌右雄）/ 苗春林　摄

白眼潜鸭（雄鸟）/ 苗春林　摄

白眼潜鸭（雌鸟）/ 陈学古　摄

040 凤头潜鸭

雁形目 ANSERIFORMES
鸭　科 Anatidae

学名 / *Aythya fuligula*　　英文名 / Tufted Duck　　俗名 / 凤头鸭子

　　形态特征：全长约45cm。虹膜鲜黄色；嘴灰色，嘴甲及嘴端黑色；跗蹠、趾铅灰色，蹼黑色。雄鸟除腹部、两胁、翼镜为白色外，余部黑色，头、颈紫黑色，具冠羽。雌鸟全身黑褐色，嘴的颜色较雄鸟浅，下胸、腹部和两胁棕褐色，具不明显横纹，头上冠羽较短。

　　习性及分布：主要栖息于湖泊、河流、沼泽湿地等开阔水面。繁殖期5～7月，通常营巢于水域岸边天然树洞中，每窝产卵6～13枚。国内广泛分布于各地。本地常见，旅鸟。

凤头潜鸭（雌鸟）/ 聂延秋　摄

凤头潜鸭（雄鸟）/ 聂延秋　摄

鹊鸭 / 陈学古 摄

041 鹊鸭

雁形目 ANSERIFORMES
鸭 科 Anatidae

学名 / *Bucephala clangula*　英文名 / Common Goldeneye　俗名 / 白脸鸭

　　形态特征：全长约46cm。虹膜金黄色；雄鸟嘴黑色，雌鸟嘴暗黑褐色，嘴端橙色，跗蹠和趾黄色。雄鸟头和上颈黑色，具绿色金属光泽，嘴基部有大型白色圆形斑。雌鸟头颈褐色，颈的基部有一污白色颈环。

　　习性及分布：栖息于湖泊和沿海水域，通过潜水觅食，以小鱼、软体动物及甲壳类等为食。繁殖期5～7月，通常营巢于水域岸边天然树洞中，每窝产卵8～12枚。国内分布广泛，除海南外，见于各地。旅鸟。

鹊鸭（雄鸟）/ 陈学古　摄

鹊鸭（左雌右雄）/ 陈学古　摄

O42 斑头秋沙鸭

雁形目 ANSERIFORMES
鸭 科 Anatidae

学名 / *Mergellus albellus*　英文名 / Smew　俗名 / 鱼猴子、小鱼鸭、花头锯嘴鸭

　　形态特征：全长约 42cm。雄鸟虹膜红色，雌鸟褐色；嘴呈钩状，有锯齿，雄鸟近黑色，雌鸟绿灰色；雄鸟跗蹠和趾灰色，雌鸟绿灰色。雄鸟夏羽以白色为主，枕部羽毛伸长形成羽冠，中央白色，两边黑色，眼周可见黑色斑；背黑色，胸部具黑色横斑，腰及尾上覆羽灰褐色。雄鸟冬羽与雌鸟（雌鸟夏羽与冬羽无明显区别）相似，额至后颈栗色，前颈、颏、喉白色，上体灰色，胸腹部至尾下覆羽白色，具 2 道白色翼斑，腹部沾灰色。

　　习性及分布：善潜水，栖息于湖泊、河流、池塘，以甲壳类、水生半翅目、鞘翅目昆虫、小鱼、蛙等为食。繁殖期

斑头秋沙鸭（左雌右雄）/ 陈学古　摄

5 ～ 7 月，营巢于崖壁、岩棚、河边乔木洞内，每窝产卵 6 ～ 9 枚，多至 14 枚。国内分布广泛，除海南外，见十各地。本地常见，旅鸟。

斑头秋沙鸭 / 陈学古　摄

043 普通秋沙鸭

雁形目 ANSERIFORMES
鸭 科 Anatidae

学名 / *Mergus merganser*　英文名 / Common Merganser　俗名 / 川秋沙鸭

形态特征：全长约61cm。虹膜褐色；嘴细尖，红色，嘴峰和嘴甲黑色；跗蹠红色。雄鸟夏羽头黑绿色并有金属光泽，枕部有短的黑色羽冠，胸、下体及翼镜白色，背黑褐色。雄鸟冬羽及雌鸟颏白色，头棕褐色并与白色颈有清晰界限，且具短棕褐色冠羽，下体胸侧及胁浅灰色。

习性及分布：栖息于淡水湖和森林地区的河流水塘周围，以鱼、虾、水生昆虫等动物为食，亦采食少量的水生植物。繁殖期5～7月，营巢于靠水边的树洞中及岸边岩石缝隙、地穴、灌丛与草丛

普通秋沙鸭（左雌右雄）/ 陈学古　摄

中，每窝产卵8～13枚。国内分布广泛，除香港、海南外，见于各地。本地常见，旅鸟。

普通秋沙鸭 / 陈学古　摄

044 鹗

隼形目 FALCONIFORMES
鹗 科 Pandionidae

学名 / *Pandion haliaetus*　英文名 / Osprey　俗名 / 鱼鹰、鱼雕

鹗／亦诺　摄

　　形态特征：全长约55cm。虹膜黄色；嘴黑色，蜡膜灰色；裸露跗蹠和趾灰色，趾间具刺。头及下体白色，具黑色贯眼纹，上体多暗褐色，深色的短冠羽可竖立。飞翔时，两翼窄长而成弯角，翼下与翅间具黑色条带。雌雄相似。

　　习性及分布：栖息于水域附近，以鱼类、蛙类、蜥蜴等为食。繁殖期3～4月，营巢于高树、悬岩、岩缝中，每窝产卵1～4枚。国内广泛分布于各地。本地少见，旅鸟。列为国家Ⅱ级重点保护野生动物。

鹗／陈学古　摄

045 白尾海雕

隼形目 FALCONIFORMES
鹰 科 Accipitridae

学名 / *Haliaeetus albicilla*　英文名 / White-tailed Sea Eagle

形态特征：全长约85cm。虹膜黄色；嘴、蜡膜黄色；跗蹠和趾黄色，爪黑色。全身褐色，胸羽略浅，背部有深色点斑。两翼黑褐色，翼下覆羽深栗色。尾短楔形，尾羽白色或基部褐色。雌雄相似。

习性及分布：栖息于河、湖及沿海周围，取食鱼类、野鸭、野兔、鼠类及动物尸体。繁殖期4～6月，营巢于海岸岩壁或乔木上，每窝产卵2枚。国内分布广泛，除海南外，见于各地。本地偶见，旅鸟。列为国家Ⅰ级重点保护野生动物。

白尾海雕（亚成鸟）/ 聂延秋　摄

白尾海雕 / 聂延秋　摄

白尾海雕 / 寿凯旋　摄

白腹鹞（雄鸟）/ 聂延秋　摄

046 白腹鹞

隼形目 FALCONIFORMES
鹰　科 Accipitridae

学名 / *Circus spilonotus*　英文名 / Eastern Marsh Harrier　俗名 / 鹞子、鹰、白尾巴根子

形态特征：全长约50cm。虹膜雄鸟黄色，雌鸟及幼鸟浅褐色；嘴灰色；跗蹠和趾黄色。雄鸟有黑色和褐色两种色型。黑色型雄鸟翼为灰色，翼端褐色，颈肩有白色点斑，颏喉部和上胸白色且具皮黄色块斑，下胸及腹白色；褐色型雄鸟黑色部分为褐色替代。雌鸟背褐色，胸及腹棕褐色，头顶及颈背具深褐色纵纹，尾具横斑。

习性及分布：喜开阔地，尤其是多草沼泽地带或芦苇地，常低空盘旋觅食，于低空优雅滑翔，有时停滞空中，飞行时显沉重。繁殖期4～6月，营巢于芦苇丛中，每窝产卵4～5枚。国内广泛分布于各地。本地常见，夏候鸟。列为国家II级重点保护野生动物。

白腹鹞（雌鸟）/ 聂延秋　摄

白腹鹞（雄鸟）/ 亦诺　摄

047 白尾鹞

隼形目 FALCONIFORMES
鹰 科 Accipitridae

学名 / *Circus cyaneus* 英文名 / Hen Harrier 俗名 / 鹰、白尾巴根子

形态特征：全长约 50cm。雄鸟虹膜橘黄色，雌鸟虹膜琥珀色；嘴黑色，基部蓝色，蜡膜黄色；跗蹠和趾黄色。雄鸟头、颈、背、腰、颏、喉部和上胸部均为灰色，下胸、腹部和尾上、下覆羽白色，翼后缘及外侧初级飞羽黑色。雌鸟上体褐色，颈环色浅，翼覆羽常具白色羽缘，腰白色，下体白色具棕黄色纵纹；飞翔时，翼下覆羽褐色，具数条黑色横带。

习性及分布：栖息于江、河、湖泊、沼泽附近的苇蒲或树林中。繁殖期 4～5 月，营巢于干枯的芦苇丛、草丛或灌丛间的地面上，每窝产卵 4～5 枚。国内广泛分布于各地。本地常见，夏候鸟。列为国家 II 级重点保护野生动物。

白尾鹞 / 陈学古 摄

白尾鹞（雄鸟）/ 王中强 摄

白尾鹞（雌鸟）/ 陈学古 摄

雀鹰（雄鸟）/ 聂延秋　摄

048 雀鹰
隼形目 FALCONIFORMES
鹰 科 Accipitridae

学名 / *Accipiter nisus*　英文名 / Eurasian Sparrow Hawk　俗名 / 黄鹰、鹞鹰

　　形态特征：体长约 34cm。虹膜艳黄色；嘴角质色，端黑；跗蹠和趾黄色。雄鸟上体褐灰色，下体具细密棕色横纹，尾具细横带。喉白色且无纵纹，脸颊棕色，具白色眉。雌鸟脸颊棕色较淡，下体细密横纹为白色。

　　习性及分布：栖息于林缘、草地，常单独生活，主要以鸟、昆虫和鼠类等为食。繁殖期 5～7 月，营巢于较高的近树干的枝杈上，每窝产卵 3～4 枚。国内广泛分布于各地。本地少见，留鸟。列为国家 II 级重点保护野生动物。

雀鹰（雌鸟）/ 聂延秋　摄

67

049 苍鹰

隼形目 FALCONIFORMES
鹰 科 Accipitridae

学名 / *Accipiter gentilis*　英文名 / Northern Goshawk　俗名 / 鹰、元鹰

　　形态特征：全长约56cm。虹膜金黄色；嘴角质灰色，蜡膜浅绿色；跗蹠、趾黄色，爪黑褐色。雄鸟上体青灰色，头顶、后颈颜色较深，具白色眉纹；下体白色，具深褐色横纹；尾羽灰褐色，具宽阔黑色横带。雌鸟羽色与雄鸟相似，但体型较大，下体较雄鸟羽色更浓。

　　习性及分布：栖息于丘陵地区的针叶林、阔叶林、混交林中，主要以鼠、鸟、野兔为食。繁殖期4～5月，筑巢于高大乔木上，每窝产卵2～4枚。国内广泛分布于各地。本地少见，旅鸟。列为国家Ⅱ级重点保护野生动物。

苍鹰 / 聂延秋 摄

050 普通鵟

隼形目 FALCONIFORMES
鹰　科 Accipitridae

学名 / *Buteo buteo*　英文名 / Common Buzzard　俗名 / 土豹子、鸡姆鹞

普通鵟 / 聂延秋　摄

　　形态特征：全长约 55cm。虹膜淡褐色；嘴黑褐色，蜡膜黄色；跗蹠、趾黄色，爪黑色。全身体色大致暗褐或灰褐色，喉暗褐色，胸及腹部淡褐色，腹部有黑褐色纵斑。初级飞羽末端黑色，尾羽褐色，呈扇形，有数条黑褐色横纹。雌雄羽色稍有区别，随年龄体色变异较大，较难区别。

　　习性及分布：繁殖期常见于山地森林和林缘地带，秋冬季则多出现于低山丘陵和山脚平原地带，常见在开阔平原、荒漠、旷野、开垦的地区、林缘草地和村庄上空盘旋翱翔。多单独活动，以森林鼠类为食，也吃蛙、蜥蜴和大型昆虫等动物性食物。繁殖期 5 ~ 7 月，营巢

普通鵟 / 苗春林　摄

于高大的树上或悬岩上，有时侵占乌鸦的巢，每窝产卵 2 ~ 3 枚。国内广泛分布于各地。本地常见，旅鸟。列为国家 II 级重点保护野生动物。

051 大鵟
隼形目 FALCONIFORMES
鹰　科 Accipitridae

学名 / *Buteo hemilasius*　英文名 / Upland Buzzard　俗名 / 花豹、鹰

　　形态特征：全长约70cm。虹膜黄褐色；嘴蓝灰色，蜡膜黄绿色；跗蹠和趾黄色，爪黑色。羽色变化较大，额、头顶、枕部淡黄白色，有棕褐色斑纹；体背面暗褐色，腹面暗色或淡色，有淡色横纹或纵纹；飞行时翼下有大型白斑，翼角有大黑斑。

　　习性及分布：栖息于山丘、林边或草原，以鼠类、野兔、小鸟等为食。繁殖期5～7月，营巢于悬岩峭壁上或树上，巢呈盘状，可多年利用，每窝产卵2～4枚。国内终年居留于东北地区，繁殖于西藏、青海，越冬于华北、华东、西南、西北地区及湖北、河南等地。本地常见，旅鸟。列为国家Ⅱ级重点保护野生动物。

大鵟／董俊鲜　摄

大鵟／陈学古　摄

大鵟／聂延秋　摄

毛脚鵟 / 聂延秋 摄

052 毛脚鵟
隼形目 FALCONIFORMES
鹰 科 Accipitridae

学名 / *Buteo lagopus*　英文名 / Rough-legged Hawk　俗名 / 雪花豹

　　形态特征： 全长约 54cm。虹膜黄褐色；嘴深灰色，蜡膜黄色；跗蹠和趾黄色，跗骨被羽，色浅，常缀深色点斑。雌雄鸟羽色相似。体羽多褐色，头、上颈色浅近乳白色，缀黑褐色羽干纹，背浅灰色；腹及两胁具深褐色，两翼色深，尾羽色浅，对比明显。雌鸟及幼鸟浅色头和深色胸成对比；雄鸟头部深，胸部浅。

　　习性及分布： 主要以田鼠等小型啮齿类动物和小型鸟类为食，也捕食野兔、雉鸡、石鸡等较大的动物。繁殖期 5～8 月，营巢于苔原河流或森林河流两岸悬崖峭壁上，有时也见在树上营巢，通常在 5 月末雪还未完全融化时即开始筑巢，每窝产卵 3～4 枚。国内多为旅鸟和冬候鸟，分布于东北、华北地区，陕西、内蒙古、新疆西部以及华东的部分地区。本地少见，旅鸟。列为国家 II 级重点保护野生动物。

毛脚鵟 / 聂延秋 摄

毛脚鵟 / 王中强 摄

乌雕 / 聂延秋　摄

053 乌雕
隼形目 FALCONIFORMES
鹰　科 Accipitridae

学名 / *Aquila clanga*　英文名 / Greater Spotted Eagle　俗名 / 花雕、小花皂雕

形态特征：全长约70cm。虹膜褐色，嘴灰色，附蹠和趾黄色。雄性成鸟体羽暗褐色近黑色，缀灰紫色光泽；头颈部矛状羽棕褐色，羽尖端色稍淡；上背稍缀灰紫色金属光泽，下背褐色杂以白色；

尾上覆羽白色微沾黄褐色；尾羽褐色，羽端淡色；下体羽自颏、喉至胸棕褐色。雌性成鸟体型稍大，上体羽灰紫色金属光泽较差，其他羽色与雄性成鸟相似。

习性及分布：栖息于草原及湿地附近的林地，取食鱼、蛙、鼠等动物，也食金龟子、蝗虫。繁殖期5～7月，营巢于森林中松树、槲树或其他高大的乔木树上，每窝产卵1～3枚，通常为2枚。国内终年居留于东北地区、内蒙古、新疆等地，越冬于华东地区、福建和广东沿海地区、云南、四川、湖北、湖南及台湾，迁徙时途经华北地区、山东、河南等地。本地偶见，旅鸟。列为国家Ⅱ级重点保护野生动物。

乌雕 / 聂延秋　摄

054 草原雕

隼形目 FALCONIFORMES
鹰 科 Accipitridae

学名 / *Aquila nipalensis*　英文名 / Steppe Eagle　俗名 / 草原鹰、大花雕

形态特征：全长约 70cm。虹膜黄褐色；嘴灰色，蜡膜黄色；跗蹠和趾黄色，爪黑色。体色变化较大，两翼具深色后缘，有时翼下大覆羽露出浅色翼斑；翼上具两道皮黄色横纹，以此与乌雕区别；尾上覆羽为皮黄色，尾羽黑褐色，杂以灰褐色横斑。

习性及分布：栖息于低海拔山区和开阔草原。捕食野兔、蜥蜴、鼠类。繁殖期 4 ~ 5 月，筑巢于峭壁、大树或灌丛中，每窝产卵 2 ~ 3 枚。国内繁殖于新疆、青海、河北、黑龙江及喜马拉雅山脉低海拔区，迁徙或越冬于华中、华南及西南地区。本地少见，旅鸟。列为国家 II 级重点保护野生动物。

草原雕 / 陈学古　摄
草原雕 / 陈学古　摄

055 金雕
隼形目 FALCONIFORMES
鹰 科 Accipitridae

学名 / *Aquila chrysaetos*　英文名 / Golden Eagle　俗名 / 鹫雕、金鹫

形态特征：全长约85cm。虹膜褐色，嘴灰色，附蹠和趾黄色。翅及尾羽污白色；头顶至后颈羽金黄色，具金黄色矛状羽端和纤细褐色羽干纹；上体暗褐色，外侧初级飞羽黑褐色；背和两翅的表面暗棕褐色；尾羽褐色，具有黑褐色横斑；下体几乎为黑褐色，尾下覆羽棕褐色。

习性及分布：栖息于崎岖干旱平原、岩崖山区及开阔原野，捕食雉类、土拨鼠及其他哺乳动物。繁殖期3～5月，通常营巢于针叶林、针阔叶混交林或疏林内高大的红松和落叶松树上，每窝产卵2枚，偶有1枚或3枚。国内多为留鸟，分布广泛，除广西、海南、台湾外，见于各地。本地偶见，旅鸟。列为国家I级重点保护野生动物。

金雕 / 聂延秋　摄

056 红隼

隼形目 FALCONIFORMES
隼　科 Falconidae

学名 / *Falco tinnunculus*　英文名 / Common Kestrel　俗名 / 茶隼、红鹰、红鹞子

红隼 / 聂延秋　摄

　　形态特征：全长约33cm。虹膜褐色；嘴灰而端黑，蜡膜黄色；跗蹠和趾黄色。雄鸟头顶至颈背灰色，眼下有黑斑；上体赤褐色，有黑色横斑，下体皮黄色，有黑色纵纹；飞翔时，翼下白色且具细密纵纹。雌鸟与雄鸟相似，但头顶为红褐色，上体多具粗横斑，尾羽末端灰白，有一黑色次端斑。

　　习性及分布：栖息于堤坝、农田、疏林、旷野。主要以鼠类、小鸟、昆虫为食。繁殖期5～7月，通常营巢于悬崖、山坡岩石缝隙、土洞、树洞和喜鹊、乌鸦以及其他鸟类在树上的旧巢中，每窝产卵4～5枚。国内分布广泛，见于各地。本地常见，留鸟。列为国家Ⅱ级重点保护野生动物。

红隼（雌鸟）/ 聂延秋　摄

红隼（雄鸟）/ 聂延秋　摄

057 红脚隼

隼形目 FALCONIFORMES
隼　科 Falconidae

学名 / *Falco amurensis*　英文名 / Amur Falcon　俗名：黑花鹞、红腿鹞子

形态特征：全长约31cm。虹膜褐色；嘴灰色，蜡膜橙色；跗蹠和趾橙红色。雄鸟上体及翼黑色，下体灰色，臀棕红色；飞行时翼下覆羽为白色。雌鸟额白色，脸侧白色，具眼下斑；上体青灰色，具细灰羽轴，下体乳白色，胸具醒目的黑色纵纹；飞行时翼下白色，具黑色点斑及横斑。

习性及分布：主要栖息于稀疏树木的平原、低山和丘陵地区。捕食小型鸟类、蜥蜴等脊椎动物。繁殖期5～6月，营巢于树洞或占用乌鸦、喜鹊的巢，每窝产卵4～5枚。国内分布广泛，除新疆、西藏、海南外，见于各地。本地常见，旅鸟。列为国家Ⅱ级重点保护野生动物。

红脚隼（雌鸟）/ 陈学古

红脚隼（雄鸟）/ 陈学古　摄

红脚隼（雌鸟）/ 苗春林　摄

058 灰背隼

隼形目 FALCONIFORMES
隼　科 Falconidae

学名 / *Falco columbarius*　英文名 / Merlin　俗名：鸽子鹰

形态特征：全长约30cm。虹膜、嘴暗褐色，嘴先端黑色；蜡膜、跗蹠和趾均黄色，爪黑色。雄鸟上体蓝灰色，略带黑色细纹；后颈有一道棕色领圈，并杂以黑斑；胸腹部和两胁有棕褐色细纹；尾羽蓝灰色，具黑色次端斑，端白。雌鸟背羽、尾羽暗褐色，眉纹及喉白色，胸、腹部多深褐色斑纹，尾具近白色的横斑。

习性及分布：栖息于林缘、草甸、芦苇、沼泽、农田，主要以小型鸟类、鼠类和昆虫等为食。繁殖期4～5月，通常营巢于树上或悬崖岩石上，每窝产卵3～4枚。国内繁殖于新疆，越冬于西南和华东地区、西藏南部、青海以及福建和广东沿海地区。本地偶见，旅鸟。列为国家Ⅱ级重点保护野生动物。

灰背隼（雌鸟）/ 聂延秋　摄

灰背隼（雄鸟）/ 亦诺　摄

燕隼 / 苗春林 摄

059 燕隼

隼形目 FALCONIFORMES
隼　科 Falconidae

学名 / *Falco subbuteo*　英文名 / Eurasian Hobby　俗名 / 青燕子、燕虎

　　形态特征：全长约30cm。虹膜暗褐色；嘴暗灰色，先端黑色；眼圈、蜡膜、跗蹠和趾黄色，爪黑色；上体暗灰色，胸部乳黄色带有黑色纵纹，下体色淡；喉白色，后颈具白色领圈；眼上有一细白纹，眼下方和耳羽下方有2个黑色垂纹；腿覆羽及尾下覆羽栗红色。

　　习性及分布：栖息于山地次生林，开阔农田和草原。以昆虫、蜥蜴、鼠类等为食。繁殖期5～7月，营巢于疏林、林缘和田间的高大乔木上，通常自己很少营巢，而是侵占乌鸦和喜鹊的巢，每窝产卵2～4枚。国内繁殖于东北、华北、西北、华中、华东地区，越冬于福建和广东沿海地区、云南及西藏东南部。本地少见，旅鸟。列为国家Ⅱ级重点保护野生动物。

燕隼 / 亦诺 摄

080 猎隼

隼形目 FALCONIFORMES
隼　科 Falconidae

学名 / *Falco cherrug*　　英文名 / Saker Falcon　　俗名 / 鹞子

形态特征：全长约50cm。虹膜、嘴褐色，跗蹠和趾黄色，爪黑色。雌雄相似，头顶浅褐色，颈背偏白，眼下有不明显的黑色斑纹，眉纹白；下体及腿羽白色，具黑褐色纵纹，翼比游隼的翼形钝且色浅；翼尖深色，尾羽暗褐色，端部白色。

习性及分布：栖息于山区、河湖、沼泽等。主要以中小型水禽、野兔、鼠类等动物为食。繁殖期4～6月，营巢于人迹罕至的悬崖峭壁或树上，每窝产卵3～5枚。国内繁殖于辽宁、内蒙古、甘肃、新疆，越冬于华北地区、四川、浙江等地。本地偶见，旅鸟。列为国家Ⅱ级重点保护野生动物。

猎隼 / 亦诺　摄

猎隼 / 寿凯旋　摄

猎隼 / 亦诺　摄

081 游隼

隼形目 FALCONIFORMES
隼　科 Falconidae

学名 / *Falco peregrinus*　英文名 / Peregrine Falcon　俗名 / 花梨鹰

　　形态特征：全长约 45cm。虹膜褐色；眼睑黄色；嘴银灰色，蜡膜黄色；跗蹠和趾橙黄色，爪黑色。雌雄相似，但雌性体较大。上体深灰色，具黑色斑点及纵纹，头顶及脸颊近黑或具黑色条纹，眼下具大型三角形黑斑，下体近白色，胸具黑色纵纹，腹、腿及尾下具黑色横斑。

　　习性及分布：栖息于山区、河湖、沼泽等处，以野鸭、鸥及鸠鸽为食。繁殖期 4～6 月，营巢于林间空地、河谷悬崖等处，每窝产卵 2～4 枚，偶见 5 枚或 6 枚。国内终年居留于辽宁、内蒙古东北部、新疆、云南等地，越冬于长江以南地区，迁徙时途经东北、华北地区及内蒙古。本地偶见，旅鸟。列为国家 II 级重点保护野生动物。

游隼 / 亦诺　摄

游隼 / 黄进　摄

082 斑翅山鹑

鸡形目 GALLIFORMES
雉　科 Phasianidae

学名 / *Perdix dauurica*　英文名 / Daurian Partridge　俗名 / 斑翅、沙半斤儿

斑翅山鹑 / 聂延秋　摄

形态特征：全长约28cm。虹膜暗褐色，嘴石板黑色，跗蹠和趾肉灰色。雄鸟背羽以灰褐色和棕褐色为主，有栗色横斑和不规则细纹；喉部橘黄色延至腹部，喉部羽毛长尖，呈须状；前胸具大片赤褐色，腹中部有"U"字形黑色斑块。雌鸟体羽与雄鸟相似，但下胸黑斑不明显。

习性及分布：栖息于草原、丘陵地带，以植物种子及嫩芽为食。繁殖期6～7月，营巢于富有灌丛和蒿草的平原、沟谷、溪流、干草地和山区疏林，每窝产卵14～20枚。常见留鸟。分布于新疆西部和北部、甘肃、青海、黑龙江、吉林西部、辽宁、华北地区、陕西、内蒙古、宁夏。本地为优势种，留鸟。

斑翅山鹑 / 亦诺　摄

083 环颈雉

鸡形目 GALLIFORMES
雉　科 Phasianidae

学名 / *Phasianus colchicus*　英文名 / Ring-necked Pheasant　俗名 / 雉鸡、野鸡

形态特征：全长约85cm。虹膜黄色，嘴角质色，跗蹠和趾略灰。雄鸟体色艳丽，头顶黑色且具金属光泽；眉纹白色，眼睛周围的裸露皮肤为鲜红色，有明显的耳羽簇；颈部黑色，有绿色金属光环；腰侧丛生栗黄色发状羽，尾羽长，有横斑。雌鸟体型小，羽色暗淡；眼周白色，杂以黑斑；尾较短。

习性及分布：栖息于草地、农田等多种生境中。以植物种子为食。繁殖期3～7月，营巢于灌木丛或草丛中的地面凹陷处，每窝产卵6～14枚。常见留鸟。分布广泛，除西藏羌塘高原及海南外，见于各地。本地为优势种，留鸟。

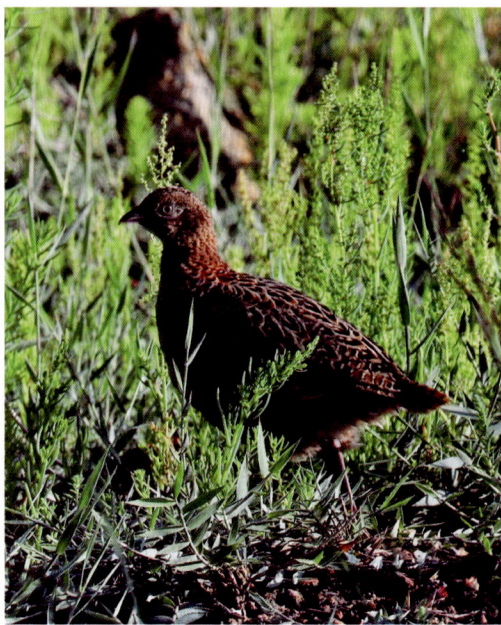

环颈雉（雌鸟）／陈学古　摄

084 蓑羽鹤

鹤形目 GRUIFORMES
鹤　科 Gruidae

学名 / *Anthropoides virgo*　英文名 / Demoiselle Crane　俗名 / 闺秀鹤

形态特征：全长约 76cm。虹膜红色；嘴黑色，前端渐变为棕褐；跗蹠和趾青灰色，爪黑色。体羽灰色，眼先、头侧、喉和颈黑色，耳羽簇白色，丝状；前颈黑色蓑羽垂于胸前；飞羽和尾羽端部黑色。飞行时呈"V"字编队，颈伸直。

习性及分布：栖息于沼泽、草甸、苇塘等地。以水生植物和昆虫为食，也兼食鱼、蝌蚪、虾等。繁殖期 4～6 月，通常不营巢，直接产卵于干燥而裸露的盐碱地上、水边草丛中和沼泽内。国内繁殖于内蒙古全境、黑龙江、宁夏、新疆，迁徙季节见于河北、青海，越冬于西藏南部。本地少见，旅鸟。列为国家 II 级重点保护野生动物。

蓑羽鹤 / 陈学古　摄

蓑羽鹤 / 陈学古　摄

蓑羽鹤（求偶）/ 黄进　摄

蓑羽鹤（在农田觅食）/ 陈学古　摄

灰鹤 / 陈学古 摄

085 灰鹤

鹤形目 GRUIFORMES
鹤 科 Gruidae

学名 / *Grus grus* 英文名 / Common Crane 俗名 / 玄鹤

形态特征：全长约 110cm。虹膜黄褐色；嘴青灰色，端部沾黄色；跗蹠和趾灰黑色。前额和眼先黑色，被有稀疏的黑色发状短羽，头顶裸出部朱红色。体羽灰色，自颈侧至颈背具宽白色条纹，初级飞羽、次级飞羽和三级飞羽的羽端黑色。雌雄相似。

习性及分布：栖息于开阔平原、芦苇沼泽、农田草地。以水草、谷物、植物种子为食，也采食昆虫、蜥蜴、蛙。繁殖期 4～6 月，营巢于沼泽草地中的干燥地面上，每窝产卵 2 枚。国内分布广泛，除西藏外，见于各地。本地常见，旅鸟。列为国家 II 级重点保护野生动物。

灰鹤 / 聂延秋 摄

灰鹤 / 陈学古 摄

066 普通秧鸡

鹤形目 GRUIFORMES
秧鸡科 Rallidae

学名 / *Rallus aquaticus*　英文名 / Water Rail　俗名 / 秧鸡子

形态特征：全长约29cm。虹膜红褐色；上嘴黑褐色，下嘴黄褐色；跗蹠和趾褐色。上体橄榄褐色，具黑色条纹，形成黑色纵斑。额、头顶至后颈黑色，稍混有橄榄褐色羽缘。眉纹灰白色，贯眼纹灰褐色，颏、喉灰色。颈胸灰色，两胁具黑白色横斑。雌雄相似。

习性及分布：栖息于沼泽、水塘、河流、湖泊等水域岸边。以昆虫、小鱼、甲壳类、软体动物为食。繁殖期5～7月，营巢于芦苇和水草丛中，每窝产卵6～11枚。国内分布广泛，除西藏、海南外，见于各地。本地少见，夏候鸟。

普通秧鸡 / 聂延秋　摄

普通秧鸡 / 黄进　摄

小田鸡 / 路靖 摄

067 小田鸡

鹤形目 GRUIFORMES
秧鸡科 Rallidae

学名 / *Porzana pusilla*　英文名 / *Baillon's Crake*　俗名 / 田鸡子

　　形态特征：全长约18cm。虹膜黄褐色；嘴绿黑色，尖端黑色；跗蹠和趾暗黄绿色。上体橄榄褐色，杂以不规则白色羽缘，头顶、后颈具黑色中央纹，颏、喉灰白色，胸蓝灰白色，腹淡栗色，具白色横斑。雌雄相似。

　　习性及分布：栖息于湿地环境的苇丛、近水草丛及灌丛中，以昆虫、小型无脊椎动物、植物种子为食。繁殖期5～6月，营巢于水边密集的植物丛中或沼泽地中较高的石地、芦苇堆上，每窝产卵4～10枚。国内分布广泛，除西藏、海南外，见于各地。本地偶见，夏候鸟。

小田鸡 / 赵雪雷 摄

088 黑水鸡

鹤形目 GRUIFORMES
秧鸡科 Rallidae

学名 / *Gallinula chloropus*　英文名 / Common Moorhen　俗名 / 红骨顶

形态特征：全长约 33cm。虹膜赤色；前额至嘴基部鲜红色，嘴端黄绿色；跗蹠和趾灰绿色，小腿裸露处有一块红色，爪黑色。全身羽毛黑色，略沾紫色，下腹有白色斑块，两胁具白色纵纹；尾下覆羽两侧白色，中间黑色，十分亮眼。雌雄相似，雌鸟稍小。

习性及分布：栖息于蒲草、苇丛中，以水生植物嫩叶、幼芽、根茎以及水生昆虫，软体动物等为食。繁殖期 4～6 月，营巢于草丛或芦苇丛中，偶尔营巢于灌丛中或树上，每窝产卵 6～10 枚。国内分布广泛，见于各地。本地为优势种，夏候鸟。

黑水鸡 / 苗春林　摄

黑水鸡 / 苗春林　摄

黑水鸡 / 李振银　摄

白骨顶 / 陈学古　摄

089 白骨顶

鹤形目 GRUIFORMES
秧鸡科 Rallidae

学名 / *Fulica atra*　英文名 / Common Coot　俗名 / 骨顶鸡

　　形态特征：全长约 39 cm。虹膜红褐色；嘴白色；跗蹠和趾灰绿色，趾具瓣蹼，爪黑褐色。头颈部黑色，体羽石板黑色；飞行时可见翼上狭窄、近白色的后缘。额板象牙白色。雌雄相似。

　　习性及分布：主要栖息于沼泽、湖泊、水塘等地，以小鱼、虾、水生昆虫、浮萍、水草为食。繁殖期 4 ～ 7 月，营巢于有开阔水面的水边芦苇和水草丛中，每窝产卵 7 ～ 12 枚。国内分布广泛，见于各地。本地为优势种，夏候鸟。

白骨顶 / 聂延秋　摄

白骨顶 / 苗春林　摄

89

070 大鸨
鹤形目 GRUIFORMES
鸨　科 Otididae

学名 / *Otis tarda*　英文名 / Great Bustard　俗名 / 田鸡子

形态特征：雄鸟全长约 100cm；雌鸟全长不足 50cm。雌雄体型相差十分悬殊，是现在鸟类中体型差别最大的种类。虹膜暗褐色；嘴铅灰色，先端近黑色；跗蹠和趾褐色，仅具 3 趾，爪黑色。头颈灰色，冠羽不明显；上体余部淡棕色，具宽窄不一的黑色横斑；下体及尾下覆羽白色。颈、腿粗壮，无后趾，前 3 趾粗大，适于奔走。雄鸟下颏两侧生有白色丝状羽。

习性及分布：栖息于平坦或起伏的开阔地草原。以植物性食物为食，也食昆虫、小型哺乳动物、雏鸟等。繁殖期 4 ~ 7 月，营巢于草原地面上的天然凹石内，每窝产卵 2 ~ 4 枚。国内繁殖于内蒙古、黑龙江、吉林等地的平原地区；新疆北部为留鸟；越冬于贵州、湖北、安徽、江西、江苏、上海等地；迁徙时途经华北地区、山东、河南、陕西、宁夏、甘肃等地。本地偶见，旅鸟。列为国家 I 级重点保护野生动物。

大鸨 / 张海川　摄

大鸨 / 聂延秋　摄

071 彩鹬

鸻形目 CHARADRIIFORMES
彩鹬科 Rostratulidae

学名 / *Rostratula benghalensis* 英文名 / Greater Painted Snipe

形态特征：全长约 24cm。虹膜暗褐色，嘴黄褐色，跗蹠和趾灰绿色。雌雄异色。雌鸟艳丽，头顶暗褐色，头顶中央具一棕黄色冠纹，眼周围以白色圈，向眼后延伸成短柄状；头侧、颈胸部栗红色，腹部、两胁、尾下覆羽白色，胸腹间间以栗黑色胸带；颈肩部有一条状白色宽带。雄鸟体型略小，头顶冠纹黄色，眼周及眼后短柄状斑黄色，颈胸部灰褐色，胸腹部白色。

习性及分布：栖息于湖边、池塘边、沼泽地、稻田、退潮的滩涂，以水蚯蚓、虾、螺、昆虫为食，也食植物的叶芽、种子。繁殖期 5 ~ 7 月，营巢于苇丛、草丛、稻田地上或草堆上，或营漂浮性巢，每窝产卵 4 ~ 6 枚，雄性孵卵。国内分布广泛，除黑龙江、宁夏、新疆外，见于各地。本地偶见，夏候鸟。

彩鹬／陈学古 摄

彩鹬（雌鸟）／亦诺 摄

彩鹬（雄鸟）／亦诺 摄

072 黑翅长脚鹬

鸻形目 CHARADRIIFORMES
反嘴鹬科 Recurvirostridae

学名 / *Himantopus himantopus*　英文名 / Black-winged Stilt　俗名 / 黑翅高跷

　　形态特征：全长约36cm。虹膜红色；嘴长而直，黑色；腿细而特长，粉红色。雄鸟头顶至后颈、眼周及耳羽灰黑色。上背、肩部和两翅黑色，闪金属光泽，下背和腰白色，下体羽白色。雌鸟夏羽背肩部和三级飞羽暗褐色，余部羽色似雄鸟。

　　习性及分布：栖息于湖泊、浅水塘和沼泽地带。以软体动物、虾、甲壳类等动物性食物为食。觅食方式主要是边走边在地面或水面啄食。繁殖期5～7月，营巢于开阔的湖边沼泽、草地或湖中露出水面的浅滩，每窝产卵4枚。国内分布广泛，见于各地。本地为优势种，夏候鸟。

黑翅长脚鹬 / 聂延秋　摄

黑翅长脚鹬（孵化）/ 陈学古　摄

黑翅长脚鹬／黄进　摄

黑翅长脚鹬（幼鸟）／苗春林　摄

黑翅长脚鹬（亚成鸟）／虞炜　摄

黑翅长脚鹬（筑巢）／陈学古　摄

黑翅长脚鹬（交配）／苗春林　摄

93

073 反嘴鹬

锁形目 CHARADRIIFORMES
反嘴鹬科 Recurvirostridae

学名 / *Recurvirostra avosetta*   英文名 / Pied Avocet   俗名 / 反嘴鸻

形态特征：全长约43cm。虹膜红褐色；嘴黑色，细长，上翘；跗蹠和趾淡蓝色。身体只有黑白两色，前额、头顶、肩颈部、眼先黑色。飞行时从下面看体羽全白，仅翼尖黑色。翼上及肩部具黑色的带斑，其余体羽白色。

习性及分布：栖息于平原和半荒漠地区的湖泊、水塘和沼泽地带。以水生昆虫和软体动物等小型无脊椎动物为食。繁殖期5～7月，营巢于开阔平原上的湖泊岸边、盐碱地上或沙滩上，每窝产卵4枚。国内分布广泛，除海南外，见于各地。本地为优势种，夏候鸟。

反嘴鹬 / 李振银 摄

反嘴鹬 / 虞炜 摄

反嘴鹬 / 苗春林 摄

074 普通燕鸻

鸻形目 CHARADRIIFORMES
燕鸻科 Glareolidae

学名 / *Glareola maldivarum*　　英文名 / Oriental Pratincole　　俗名 / 土燕子

普通燕鸻 / 陈学古　摄

　　形态特征：全长约 24cm。虹膜暗褐色；嘴黑色，夏季基部红色，冬季无；跗蹠和趾深褐色，爪黑色。酷似燕。翼尖长，黑色叉形尾。上体茶褐色、腰白色；喉部乳黄色，其外缘有一道黑细边；颊、颈、胸黄褐色，腹部白色。冬羽似夏羽，但喉部黄褐色，黑色外缘较模糊。

　　习性及分布：栖息于开阔地、沼泽地及稻田。以昆虫为食。繁殖期 5～7 月，常成群营巢于河流、湖泊岸边或附近土地上，也在河的小岛、溪旁和稻田地边筑巢。每窝产卵 2～5 枚。国内分布广泛，除新疆、西藏、贵州外，见于各地。本地少见，夏候鸟。

普通燕鸻 / 杜宇　摄

普通燕鸻（亚成鸟）/ 杜宇　摄

075 凤头麦鸡

鸻形目 CHARADRIIFORMES
鸻　科 Charadriidae

学名 / *Vanellus vanellus*　英文名 / Northern Lapwing　俗名 / 河猫儿

凤头麦鸡 / 苗春林　摄

凤头麦鸡 / 陈学古　摄

凤头麦鸡（幼鸟）/ 聂延秋　摄

　　形态特征：全长约 32cm。虹膜暗褐色；嘴黑色；跗蹠和趾暗栗色，爪黑色。雄鸟上体黑绿色，具金属光泽，喉、前颈、胸黑色，腹部白色；具反曲的黑色细长冠羽；颈后暗褐色，颈侧白色；尾白色具较宽黑色次端带。雌鸟额、头顶及冠羽羽色较雄鸟淡，呈黑褐色，颏、喉、前颈白色。

　　习性及分布：栖息于河边、滩地、沼泽、田间等地，常成群活动。以昆虫、蚯蚓、植物、种子等为食。繁殖期 5～7 月，多营巢于草地或沼泽草甸边的盐碱地上，每窝产卵 4 枚。国内分布广泛，见于各地。繁殖于内蒙古、黑龙江、辽宁、吉林、甘肃、青海和新疆；在长江以南越冬。本地为优势种，夏候鸟。

076 灰头麦鸡

鸻形目 CHARADRIIFORMES
鸻　科 Charadriidae

学名 / *Vanellus cinereus*　　英文名 / Grey-headed Lapwing　　俗名 / 跳鸻

形态特征：全长约 35cm。虹膜红色；嘴黄色，先端黑色；跗蹠和趾黄色，爪黑色。夏羽上体棕褐色，头颈部灰色。两翼翼尖黑色，内侧飞羽白色；尾白色，具黑色端斑；喉及上胸部灰色，胸部具黑色宽带，下胸及腹部白色。冬羽头、颈多褐色，颏、喉白色，黑色胸带部分不清晰。雌雄相似。

习性及分布：栖息于沼泽、湿地、近水的开阔地带，以昆虫、蚯蚓、螺类为食。繁殖期 5～7 月，营巢于苇塘和湖泊等水域附近草地上及田野和沼泽边干地或盐碱地上，每窝产卵 3～4 枚。国内分布广泛，见于各地。本地为优势种，夏侯鸟。

灰头麦鸡（幼鸟）/ 聂延秋 摄

灰头麦鸡 / 虞炜 摄

077 金鸻

鸻形目 CHARADRIIFORMES
鸻　科 Charadriidae

学名 / *Pluvialis fulva*　英文名 / Pacific Golden Plover　俗名 / 金斑鸻

　　形态特征：全长约24cm。虹膜褐色，嘴黑色，跗蹠及趾灰色。雄鸟繁殖羽上体金黄色，具黑色羽轴斑；下体黑色，上、下体间具醒目的白色带。雌鸟繁殖羽与雄鸟相似，颏、喉部杂以白色斑点。冬羽雄雌相似，眉纹黄色或白色，上体灰褐色，具黄色羽缘，下体灰白色且具黄褐色斑。

　　习性及分布：栖息于江河、湖泊、湿地、草地、农田等，以植物种子、蚯蚓软体动物、昆虫为食。繁殖期5～7月，营巢于西伯利亚北部和北极苔原地带苔原上，每窝产卵4～5枚。国内主要为旅鸟和冬候鸟。分布广泛，见于各地。本地常见，旅鸟。

金鸻（冬羽）/ 黄进　摄

金鸻 / 陈学古　摄

金鸻（夏羽）/ 聂延秋　摄

078 灰鸻

鸻形目 CHARADRIIFORMES
鸻 科 Charadriidae

学名 / *Pluvialis squatarola*　英文名 / Grey Plover　俗名 / 灰斑鸻

灰鸻（夏羽）/ 聂延秋　摄

　　形态特征：全长约 30cm。虹膜褐色；嘴黑色；跗蹠和趾暗灰色，后趾极其弱小。夏羽上体灰褐色且具白色羽缘；下体脸侧至上腹黑色，下腹白色，上、下体间具白色带但仅至胸；飞翔时，翼下具黑色腋羽，腰白色，翼具白色翼带。冬羽上体灰褐色，背具褐色点斑及灰白色羽缘，下体颈到上腹具褐色纵纹。雌雄相似。

　　习性及分布：栖息于湖泊、河滩等地，以昆虫、植物种子为食。繁殖期 5 ~ 8 月，营巢于北极苔原，每窝产卵 4 枚。国内分布广泛，见于各地。本地少见，旅鸟。

灰鸻（冬羽）/ 沈越　摄

灰鸻 / 聂延秋　摄

079 金眶鸻

鸻形目 CHARADRIIFORMES
鸻 科 Charadriidae

学名 / *Charadrius dubius* 英文名 / Little Ringed Plover 俗名 / 白领鸻

形态特征：全长约 16cm。虹膜褐色；嘴短，黑色；跗蹠和趾黄色。眼周金黄色，额白色，额顶级冠眼纹黑色；上体沙褐色，下体白色，有一明显的白色颈圈，其下还连接一黑色领圈。

习性及分布：栖息于湖泊、河滩等地，常单只或成对活动。以昆虫为主，也食植物种子。繁殖期 5 ~ 7 月，在河心小岛、沙石地上营巢，每窝产卵 3 ~ 5 枚。国内分布广泛，见于各地。本地为优势种，夏候鸟。

金眶鸻 / 聂延秋　摄

金眶鸻 / 苗春林　摄

金眶鸻 / 陈学古　摄

080 环颈鸻

鸻形目 CHARADRIIFORMES
鸻 科 Charadriidae

学名 / *Charadrius alexandrinus* 英文名 / Kentish Plover 俗名 / 白领鸻

形态特征： 全长约 16cm。虹膜暗褐色，嘴黑色，跗蹠和趾橄榄灰黑色。上体浅褐色，下体白色。雄鸟头颈有黑斑，头后及枕部棕褐色；额白色，与白色眉纹相连，过眼线黑色；后颈白色，延伸至颈侧和前颈形成白色领圈；胸两侧各具大型黑色斑，飞行时可见白色翼上横纹，外侧尾羽白色。雌鸟头顶、过眼线和前胸斑块灰褐色。

习性及分布： 栖息于河岸沙滩、沼泽草地上，以蠕虫、昆虫、软体动物等为食，兼食植物茎叶和种子。繁殖期 4 ～ 7 月，营巢于沙滩或卵石滩上，每窝产卵 3 ～ 5 枚。国内繁殖于内蒙古全境、西北和华北地区、辽宁、长江以南的沿海地区；越冬于东北地区南部、西藏、四川、云南、甘肃、浙江、福建、华南地区。本地为优势种，夏候鸟。

环颈鸻（雌鸟）/ 陈学古 摄

环颈鸻 / 黄进 摄

铁嘴沙鸻 / 聂延秋 摄

081 铁嘴沙鸻

鸻形目 CHARADRIIFORMES
鸻　科 Charadriidae

学名 / *Charadrius leschenaultii*　英文名 / Greater Sand Plover　俗名 / 水扎子、斑鸻

　　形态特征：全长约 21cm。与蒙古沙鸻近似，但体型较大。虹膜褐色；嘴短、粗、直，黑色；跗蹠和趾黄灰色。雄鸟夏羽额白色，额顶黑色并与黑色贯眼纹相连，胸部具锈赤色横斑带；冬羽锈色斑及黑色贯眼纹消失。雌鸟与雄鸟相比头部缺少黑色；胸部色淡，胸带有时不完整（中部断开）。

　　习性及分布：栖息于滩地、沼泽及其附近的荒漠草地和盐碱滩，常成 2 ～ 3 只的小群活动，多喜欢在水边沙滩或泥泞地上边跑边觅食，以软体动物、小虾、昆虫、淡水螺类等为食。繁殖期 4 ～ 5 月，营巢于沙石地上，每窝产卵 3 ～ 4 枚。国内分布广泛，除黑龙江、西藏、云南外，见于各地。本地少见，旅鸟。

铁嘴沙鸻（雌鸟）/ 聂延秋 摄

铁嘴沙鸻（雄鸟）/ 亦诺 摄

082 东方鸻

鸻形目 CHARADRIIFORMES
鸻　科 Charadriidae

学名 / *Charadrius veredus*　英文名 / Oriental Plover　俗名 / 蓝旦、旱鸡

　　形态特征：全长约 23cm。虹膜淡褐色，嘴橄榄棕色，跗蹠和趾黄色至偏粉。雄鸟夏羽头、面颊、颈白色，头顶、颈后至体上褐棕色，腹白色，栗色胸部下紧接黑色胸带；冬羽脸颊污棕色，胸部栗色较淡，后缘无黑色胸带。雌鸟、幼鸟同雄鸟冬羽。

　　习性及分布：栖息于干旱平原、砾石荒地、浅水沼泽，以昆虫以其幼虫为食。繁殖期 4～7 月，通常营巢于牛蹄凹印中，每窝产卵 2 枚。国内分布广泛，除宁夏、西藏、云南外，见于各地。本地少见，旅鸟。

083 丘鹬

鸻形目 CHARADRIIFORMES
鹬 科 Scolopacidae

学名 / *Scolopax rusticola*　英文名 / Eurasian Woodcock　俗名 / 山鹬

形态特征：全长约34cm。虹膜褐色；嘴基部偏粉，端黑；跗蹠和趾粉灰色。额及脸部淡灰色，体型肥胖，腿短，嘴长且直。头顶及颈背具褐色、灰色相间的横纹，上体红褐色，下体满布细横纹。雌雄相似。

习性及分布：栖息于林间沼泽、湿草地和林缘灌丛地带。白天隐蔽，伏于地面，夜晚飞至开阔地进食。主要以昆虫及其幼虫、蚯蚓、蜗牛等小型无脊椎动物为食，有时也食植物根、浆果和种子。繁殖期5～7月，营巢于阔叶林和针阔叶混交林中，每窝产卵通常4枚，偶有3枚、5枚或6枚。国内分布广泛，见于各地。本地常见，旅鸟。

丘鹬 / 聂延秋　摄

084 姬鹬

鸻形目 CHARADRIIFORMES
鹬　科 Scolopacidae

学名 / *Lymnocryptes minimus*　英文名 / Jack Snipe

　　形态特征：全长约 20cm。虹膜褐色；嘴暗粉红褐色，尖端黑色；跗蹠和趾黄绿色。头顶黑褐色，黄白色眉纹宽阔，中间杂以黑纹。贯眼纹黑褐色，头侧、喉部皮黄色，肩、背、腰、尾黑褐色，肩背部具4条显著的黄白色纵带，下体白色，前颈、胸及两胁具褐色纵纹。雌雄相似。

　　习性及分布：栖息于沼泽地带及稻田，主要以昆虫、蠕虫、腹足类动物为食，也食植物种子，进食时头不停地点动。繁殖期6～8月，营巢于富有芦苇和植物的溪流和附近的沼泽地上，每窝产卵4枚。国内为旅鸟和冬候鸟，迁徙时见于河北、北京、天津、山东、内蒙古、甘肃、新疆、江苏、上海、浙江等地，部分种群于福建、广东沿海地区越冬，偶见于台湾。本地偶见，旅鸟。

085 孤沙锥

鸻形目 CHARADRIIFORMES
鹬 科 Scolopacidae

学名 / *Gallinago solitaria*　英文名 / Solitary Snipe　俗名 / 水扎子、田鹬

孤沙锥 / 亦诺　摄

形态特征：全长约29cm。虹膜黑褐色；嘴铅灰色，尖端黑色；跗蹠和趾黄绿色。头顶黑褐色，中央冠羽纹白色，贯眼纹褐色，眉纹、下颏白色沾淡褐。上体黄褐色，肩背部具4条白色纵纹和锈色横斑。喉白色，腹、尾下覆羽乌白色，两胁具褐色横斑，胸显红褐色。雌雄同色。

习性及分布：栖息于林中和林缘沼泽地上，多黄昏和晚上活动，主要以昆虫、甲壳类等无脊椎动物为食。繁殖期5～7月，营巢于山地溪流、湖泊、水塘岸边草地上和沼泽地上，也在芦苇塘和生长有低矮桦树的水中小岛上营巢，每窝产卵4枚，偶尔5枚。国内繁殖于内蒙古、黑龙江、吉林、甘肃、青海、新疆等地，越冬于华南，迁徙时见于华北、陕西、四川、西藏、香港等地。本地偶见，旅鸟。

孤沙锥 / 亦诺　摄

088 针尾沙锥

鸻形目 CHARADRIIFORMES
鹬 科 Scolopacidae

学名 / *Gallinago stenura*   英文名 / Pintail Snipe

形态特征：全长约24cm。虹膜黑褐色；嘴青黄，基部黄色，先端黑色；腿和趾黄绿色，爪黑色。较其他沙锥体小，腿略显短。上体褐色，具白黄色及黑色纵纹及蠕虫状斑纹；下体白色，胸棕褐色且具黑褐色细斑。雌雄同色。

习性及分布：繁殖期主要栖息于沼泽湿地，非繁殖期则主要栖息于开阔的低山、丘陵和平原地带，主要以昆虫、甲壳类和软体动物等为食。繁殖期5～7月，通常营巢于富有草本植物的干燥地上或沼泽湿地中的土丘上，每窝产卵4枚。国内为旅鸟和冬候鸟，分布广泛，见于各地。本地常见，旅鸟。

针尾沙锥 / 聂延秋　摄

针尾沙锥 / 聂延秋　摄

087 大沙锥

鸻形目 CHARADRIIFORMES

鹬 科 Scolopacidae

学名 / *Gallinago megala*　英文名 / Swinhoe's Snipe　俗名 / 水扎子、北鹬

形态特征：全长约 27cm。虹膜暗褐色；嘴黑褐色，上嘴基部黄色；跗蹠和趾深橄榄绿色，爪黑褐色。外形、羽色与针尾沙锥极相似，但体型稍大。头顶、上背、肩羽绒黑，杂以棕红色、棕黄色斑，头顶中央和眼上各有一淡棕黄色带，眼角有一褐色条纹，颊部棕黄色，眼后棕红色；腹部白色，胁具 "V" 字形横纹；尾羽较长，飞行时跗蹠和趾微露尾羽外端。雌雄同色。

习性及分布：主要栖息于草地、芦苇沼泽和水稻田地带。以昆虫、蚯蚓、甲壳类等小型无脊椎动物为食。繁殖期 5～7 月，常在林缘草地、沼泽和开阔平原上的水域附近营巢，每窝产卵 4 枚，偶尔少至 2 枚或多至 5 枚。国内为旅鸟和冬候鸟，分布广泛，除云南外，见于各地。本地少见，旅鸟。

大沙锥 / 聂延秋　摄

088 扇尾沙锥

鸻形目 CHARADRIIFORMES
鹬 科 Scolopacidae

学名 / *Gallinago gallinago*　英文名 / Common Snipe　俗名 / 水扎子、扇尾鹬、普通沙锥

扇尾沙锥 / 魏永生　摄

　　形态特征：全长约 27cm。虹膜黑褐色；嘴基黄褐色，嘴峰黑色；跗蹠和趾橄榄绿色，爪黑色。眉纹皮黄色，眼下纹白色；头上部黑褐色，有棕色斑纹；头顶中央具黄白色纵纹。上体黑褐色，具黄色间带；下体黄褐色具纵纹。胁具横斑。飞行时翅后缘白色，翼下具白色宽横纹。雌雄相似。

　　习性及分布：栖息于河岸湖泊边，沼泽及水田地带，多晨昏和夜间活动。主要以蚂蚁、金针虫、小甲虫等昆虫为食。繁殖期 5～7 月，营巢于苔原和平原地带湖泊水塘、溪流岸边和沼泽地上，每窝产卵 4 枚。国内分布广泛，见于各地。本地常见，旅鸟。

扇尾沙锥 / 聂延秋　摄

扇尾沙锥 / 魏永生　摄

089 黑尾塍鹬

鸻形目 CHARADRIIFORMES
鹬 科 Scolopacidae

学名 / *Limosa limosa*　英文名 / Black-tailed Godwit

形态特征：全长约 42cm。虹膜暗褐色；嘴长而直，端部略扩大，基部繁殖期橙黄色，非繁殖期粉红肉色，尖端黑色；跗蹠和趾黑色。夏羽头、颈和胸栗红色，有细黑色横斑，额、顶和后颈棕色，有黑色细纵斑；上背铁锈色，有宽阔黑色次端斑，腹部、两肋转为白色，具黑色横斑。冬羽头、颈、胸、背灰褐色，腹部以下白色。

习性及分布：栖息于沼泽、稻田、河口和海滩，觅食时常将嘴插入泥地里，以小鱼、昆虫、昆虫幼虫、软体动物、草籽为食。繁殖期 5～7 月，常呈数只的小群在一起营巢，通常营巢于水域附近开阔的稀疏草地上，每窝产卵 4 枚，偶有 3 枚或 5 枚。国内分布广泛，除西藏外，见于各地。本地常见，旅鸟。

黑尾塍鹬 / 聂延秋　摄

黑尾塍鹬 / 苗春林　摄

黑尾塍鹬 / 陈学古　摄

斑尾塍鹬 / 苗春林　摄

090 斑尾塍鹬

鸻形目 CHARADRIIFORMES
鹬　科 Scolopacidae

学名 / *Limosa lapponica*　英文名 / Bar-tailed Godwit　俗名 / 水札子、斑尾鹬

　　形态特征：全长约 37cm。虹膜褐色；嘴长而上翘，基部粉红色，端黑；跗蹠和趾暗绿或灰色。夏羽上体具灰褐色斑驳及显著的白色眉纹，下体的红色由头部延伸至腹部，飞翔时腰白色延至下背，尾端黑色横斑，翼斑狭窄。冬羽似夏羽，但下体红色变为白色，头颈部灰褐色且具细纵纹。雌雄同色。

　　习性及分布：栖息在河流两岸及浅水沼泽，以昆虫、软体动物为食。繁殖期 6～7 月，繁殖于北极冻原带，每窝产卵 3～5 枚。国内为旅鸟及冬候鸟，迁徙时见于黑龙江、辽宁、河北、北京、天津、山东、内蒙古、新疆等地；部分种群越冬于华东、华南沿海地区，海南及台湾。本地偶见，旅鸟。

斑尾塍鹬（冬羽）/ 聂延秋　摄

斑尾塍鹬（夏羽）/ 沈越　摄

091 小杓鹬

鸻形目 CHARADRIIFORMES
鹬 科 Scolopacidae

学名 / *Numenius minutus*　英文名 / Little Curlew　俗名 / 小油老罐

形态特征：全长约31cm。虹膜褐色；嘴细长下弯，肉红色，先端褐色；胫、跗蹠和趾灰绿色。头顶有明显黑色、皮黄色冠纹，贯眼纹深褐色。上体淡黄褐色，具褐色锯齿纹。头侧、颈胸部、腰及尾羽浅褐色，具黑褐色斑纹。雌雄同色。

习性及分布：栖息于沼泽湿地、水田及滨水岸边，以昆虫、草籽为食。繁殖期6～7月，营群巢于林缘或火烧过后的开阔林地中的凹坑、树旁或苇丛中，每窝产卵3～4枚。国内为旅鸟，迁徙时途经东北、华北、华南地区和内蒙古东北部、新疆、青海、湖北以及华东地区。本地偶见，旅鸟。列为国家Ⅱ级重点保护野生动物。

小杓鹬 / 聂延秋 摄

小杓鹬 / 聂延秋 摄

092 中杓鹬

鸻形目 CHARADRIIFORMES
鹬　科 Scolopacidae

学名 / *Numenius phaeopus*　英文名 / Whimbrel　俗名 / 中雏喽儿

　　形态特征：全长约 41 cm。虹膜褐色；嘴长而下弯，褐色，下嘴基部肉红色；胫裸出部和跗蹠、趾草灰绿色。头中央冠纹乳黄色，头侧线黑色为其显著特征；眉纹浅色，颈和下体淡褐色，胸具黑褐色纵纹；腰白色，尾褐色，并具黑褐色横斑。雌雄同色。

　　习性及分布：通常在离林线不远的沼泽、苔原、湖泊与河岸草地活动。飞行时两翅扇动较快，飞行有力；以昆虫、甲壳类和软体动物等为食，常单独觅食。繁殖期 5～7 月，营巢于湖泊、河流岸边及附近沼泽湿地上，每窝产卵 3～5 枚。国内为旅鸟和冬候鸟，分布广泛，除云南、贵州、湖北外，见于各地。本地常见，旅鸟。

中杓鹬 / 聂延秋　摄

中杓鹬 / 聂延秋　摄

中杓鹬 / 聂延秋　摄

093 白腰杓鹬

鸻形目 CHARADRIIFORMES
鹬 科 Scolopacidae

学名 / *Numenius arquata*　英文名 / Eurasian Curlew　俗名 / 大杓鹬、油老罐子、杓捞

　　形态特征：全长约 60cm 。虹膜暗褐色；嘴黑褐色，端部近黑色，下嘴基部肉红色，嘴甚长而下弯，雌鸟嘴较雄鸟明显短；跗蹠和趾银灰色。颈、胸、下体具纵纹，腹白色，飞翔时，翼下白色；上背及腰白色，尾白色且具横斑。雌雄同色。

　　习性及分布：栖息于沼泽地带、草地以及农田，性机警。主要以甲壳类、软体动物、蠕虫、昆虫为食，也啄食小鱼和蛙。繁殖期 5～7 月，通常营巢于林中开阔的沼泽湿地、湖泊和溪流附近，每窝产卵 4 枚。国内分布广泛，除贵州外，见于各地。本地常见，旅鸟。

084 大杓鹬

鸻形目 CHARADRIIFORMES
鹬　科 Scolopacidae

学名 / *Numenius madagascariensis*　英文名 / Far Eastern Curlew　俗名 / 彰鸡

形态特征： 全长约 60cm。虹膜暗褐色；嘴黑褐色，近端粉红，嘴特长且下弯；跗蹠和趾银灰色。全身大部淡褐色，伴深色纵纹。腰至尾羽红褐色具褐色斑纹；尾下覆羽红褐色，尾羽有黑褐色横斑。头、颈、胸色略淡，具细褐色纵纹。雌雄相似。

习性及分布： 栖息于河湖岸边、草地、沼泽、沿海、滩涂、稻田，多单只活动，性机警。取食蛙、小鱼、软体动物、昆虫等。繁殖期 5 ~ 7 月，在水域周边草地上筑巢，每窝产卵 3 ~ 4 枚，雌雄共同孵卵。国内分布广泛，除新疆、西藏、云南、贵州外，见于各地。本地偶见，旅鸟。

大杓鹬 / 聂延秋　摄

大杓鹬 / 聂延秋　摄

鹤鹬（冬羽）/ 亦诺 摄

095 鹤鹬

鸻形目 CHARADRIIFORMES
鹬 科 Scolopacidae

学名 / *Tringa erythropus*　英文名 / Spotted Redshank　俗名 / 红脚鹤鹬

形态特征： 全长约30cm。虹膜暗褐色；嘴长且直，黑色，下嘴基部非繁殖期橙黄色，繁殖期深红色；跗蹠、趾繁殖期红色，非繁殖期橙红色，爪黑色。雄鸟冬羽头上部、后颈、上体灰褐色，下背、腰白色，下体白色，两胁有灰褐色鳞状斑；夏羽通体黑色，背、翅具白色羽缘或斑点，眼周有白色眼圈。雌鸟羽色灰黑色，全身满布白色斑纹。

习性及分布： 栖息于淡水湖泊、河流沿岸及农田地带，主要以甲壳类、软体动物、水生昆虫为食。繁殖期5～8月，繁殖于北极苔原地带，每窝产卵4枚。国内为旅鸟和冬候鸟，分布广泛，见于各地。本地常见，旅鸟。

鹤鹬（换羽期）/ 聂延秋 摄

鹤鹬（夏羽）/ 聂延秋 摄

096 红脚鹬

鸻形目 CHARADRIIFORMES
鹬 科 Scolopacidae

学名 / *Tringa totanus*　英文名 / Common Redshank　俗名 / 水札子、赤足鹬、红脚札

形态特征：全长约 27cm 。虹膜褐色；嘴黑色，基部橙红色，非繁殖期橙黄色；胫、跗蹠和趾繁殖期橙红色，非繁殖期橙黄色。夏羽额、头顶、后颈及上背浅棕褐色，具黑褐色纵纹；下体白色，胸、胁具褐色纵纹；飞翔时，翼后缘具白色宽带，腰白色。冬羽颜色较淡。雌雄同色。

习性及分布：栖息于沼泽、草地、河流、湖泊、水塘等。常单独活动，休息时成群。常在浅水处或水边沙地和泥地上觅食。以螺、甲壳类、昆虫、水生无脊椎动物等为食。繁殖期 5 ~ 7 月，通常营巢于湖边、河岸和沼泽地上，每窝产卵 3 ~ 5 枚。国内繁殖于内蒙古、宁夏、甘肃、西藏、青海以及新疆西北部，越冬于福建和广东沿海地区、海南及台湾，迁徙时途经东北、华北、华东地区。本地常见，夏候鸟。

红脚鹬 / 陈学古　摄

红脚鹬 / 苗春林　摄

117

097 泽鹬

鸻形目 CHARADRIIFORMES
鹬 科 Scolopacidae

学名 / *Tringa stagnatilis*   **英文名 / Marsh Sanderpiper**   **俗名 / 小青足鹬**

    形态特征：全长约 23 cm。虹膜暗褐色；嘴细而尖，黑色；跗蹠和趾细长，绿色。夏羽头、颈部及前胸灰白色，具灰褐色斑纹；上体羽淡褐色；下背和腰纯白色；尾上覆羽亦白色，但有黑褐色横斑；下体羽几乎全白色。冬羽上体浅褐灰色，具苍白色羽缘；下体白色，前颈和胸中部无斑纹。

    习性及分布：栖息于河滩岸边、沼泽等地。繁殖期 5 ~ 7 月，每窝产卵 4 枚，雌雄轮流孵卵。国内分布广泛，除西藏、云南、贵州外，见于各地。本地常见，旅鸟。

泽鹬 / 聂延秋 摄

泽鹬 / 聂延秋 摄

青脚鹬 / 聂延秋 摄

098 青脚鹬

鸻形目 CHARADRIIFORMES
鹬 科 Scolopacidae

学名 / *Tringa nebularia*　英文名 / Common Greenshank　俗名 / 水札子、青足鹬

　　形态特征：全长约32cm。虹膜褐色；嘴灰色，前端黑色；跗蹠和趾黄绿色。雄鸟夏羽头、后颈灰色，有黑色纵纹；前胸、胸侧白色，有褐色纵纹；背部灰褐色，有灰黑色轴斑和白色羽缘，背部的白色长条于飞行时尤为明显。雌雄相似，雌鸟前胸条纹较少，喉颈前部白色，嘴灰色上翘，腿、跗蹠和趾黄绿色或青绿色，两趾间连蹼，胫部裸出。

青脚鹬 / 苗春林 摄

　　习性及分布：夏季主要栖息于湖泊、河流、水塘和沼泽地带，主要以虾、小鱼、水生昆虫为食。繁殖期5～7月，营巢于森林湖边、河边和苔原沼泽带。每窝产卵4枚。国内为旅鸟和冬候鸟，分布广泛，见于各地。本地常见，旅鸟。

089 小青脚鹬

鸻形目 CHARADRIIFORMES
鹬 科 Scolopacidae

学名 / *Tringa guttifer* 英文名 / Nordmann's Greenshank 俗名 / 诺氏鹬、斑青趾脚鹬

形态特征：全长约24cm。虹膜暗褐色；嘴基部黄色，端部黑色；跗蹠和趾黄褐色，趾间具部分蹼。夏羽上体黑褐色，羽缘白色，肩背部有白色斑点，腰、尾、下体白色，前颈、胸、两胁具黑色斑点。冬羽前额、眉纹白色；头顶、后颈淡灰色，具褐色纵纹；背灰褐色，下体白色；胸部具灰色纵纹。体型较青脚鹬小，嘴、跗蹠和趾亦短，飞行时跗蹠和趾不伸出尾后。雌雄同色。

习性及分布：栖息于河湖附近沼泽、沙滩等地，在浅水中寻食，觅食时常低头，嘴朝下，在浅水地带来回奔跑，主要以小型无脊椎动物和小型鱼类为食。繁殖期6～7月，营巢于落叶松疏林中的沼泽、水塘或林缘湿地，巢多置于落叶松树上或其他树上，每窝产卵4枚。国内为旅鸟，迁徙时途经辽宁、河北、山东、江苏、上海、浙江、福建、广东、香港、澳门、海南、台湾。本地偶见，迷鸟。列为国家Ⅱ级重点保护野生动物。

小青脚鹬 / 董文晓 摄

100 白腰草鹬

鸻形目 CHARADRIIFORMES
鹬　科 Scolopacidae

学名 / *Tringa ochropus*　英文名 / Green Sandpiper　俗名 / 水札子、绿鹬

形态特征：全长约23cm。虹膜褐色，嘴暗橄榄色，跗蹠和趾橄榄绿色。腰、腹和尾部白色，尾端有黑色横斑。具有短的白色眉斑，与白色眼圈相连。翼下黑褐色，具细小白色斑点。夏羽上体黑褐色，冬羽头、颈、上胸呈褐色且白色斑点不明显。雌雄同色。

习性及分布：栖于江河、湖泊、沼泽等处，大多数单独活动，有时也成对活动于河湖岸边，以水生昆虫和其他水生植物为食。繁殖期5～7月，营巢于水边或沼泽地上草丛中，每窝产卵3～4枚。国内分布广泛，见于各地。本地常见，旅鸟。

白腰草鹬 / 聂延秋　摄

白腰草鹬 / 王中强　摄

白腰草鹬 / 王中强　摄

101 林鹬
鸻形目 CHARADRIIFORMES
鹬 科 Scolopacidae

学名 / *Tringa glareola*　英文名 / Wood Sandpiper　俗名 / 水札子、油锥

林鹬 / 陈学古　摄

形态特征：全长约21cm。虹膜暗褐色；嘴黑色，基部橄榄色；跗蹠和趾黄色。夏羽背、肩部黑褐色，具白色点斑；下体白色且具黑色细纵纹；尾羽基部白色尾端有黑褐色横斑，飞行时翼下白色。冬羽有白色斑点，胸部纵纹、两胁横斑不明显。雌雄相似。

习性及分布：栖息于宽阔水域附近的沼泽、河滩、稻田中。常单独或成小群活动，活动时常沿水边边走边觅食，以昆虫和甲壳类等小型无脊椎动物为食。繁殖期5~7月，繁殖于欧亚大陆，营巢于林中或林缘开阔沼泽、湖泊、水塘与溪流岸边，每窝产卵4枚。国内分布广泛，见于各地。繁殖于黑龙江及内蒙古东部，越冬时见于福建和广东沿海一带、云南南部、海南、台湾。本地常见，夏候鸟。

林鹬 / 聂延秋　摄

翘嘴鹬 / 聂延秋　摄

102 翘嘴鹬

鸻形目 CHARADRIIFORMES
鹬　科 Scolopacidae

学名 / *Xenus cinereus*　英文名 / Terek Sandpiper

　　形态特征：全长约23cm。虹膜褐色；嘴长并上翘，基部黄褐色，尖端黑色；跗蹠和趾橙黄色。夏羽上体灰色，肩部及覆羽具明显的黑色羽干纹，下体白色；颈侧、胸侧具黑褐色纵斑，次级飞羽末端白色，飞行时清晰可见。冬羽似夏羽，但肩部黑色的羽干纹消失，胸斑及纵纹较淡。

　　习性及分布：栖息于沿海泥滩、湖泊和水塘岸边、河滩以及泥地上，以甲壳类、软体动物、蠕虫、昆虫及其幼虫等小型无脊椎动物为食。繁殖期5～7月，繁殖于欧亚大陆北部苔原和苔原森林地带，营巢于森林中的河流两岸、湖泊和水塘岸边以及开阔的湖滨沙滩和小岛上，每窝产卵4枚，偶尔3枚和5枚。国内为旅鸟和冬候鸟，分布广泛，见于各地，部分越冬于台湾。本地少见，旅鸟。

翘嘴鹬 / 聂延秋　摄

123

103 矶鹬

鸻形目 CHARADRIIFORMES
鹬　科 Scolopacidae

学名 / *Actitis hypoleucos*　英文名 / Common Sandpiper　俗名 / 普通鹬

　　形态特征：全长约20cm。虹膜褐色，嘴铅灰褐色，跗蹠和趾淡灰绿色，爪黑色。上体褐色，飞羽黑褐色，眼周、眉纹、下体白色，上胸有细的黑色纵斑。飞行时有明显的白色翼带，翼角前方有白色斑块。外侧尾羽白色，上有黑斑。

　　习性及分布：栖息于河流两岸、稻田、池塘。以昆虫、螺类、蠕虫等为食，也吃小鱼、蝌蚪等小型脊椎动物。繁殖期5～7月，营巢于河边沙滩草丛中地上，每窝产卵4～5枚。国内分布广泛，见于各地。本地常见，夏候鸟。

矶鹬 / 陈学古　摄

104 翻石鹬
鸻形目 CHARADRIIFORMES
鹬 科 Scolopacidae

学名 / *Arenaria interpres*　英文名 / Ruddy Turnstone　俗名 / 小花脸鹬

形态特征：全长约22cm。虹膜暗褐色；嘴短，黑色，微上翘，嘴基部较淡；腿短，橙红色，跗蹠和趾橙红色。雄鸟胸具黑色、白色及一个"W"形花斑，是其最突出特征；飞行时翼上具醒目的黑白色翼带；背部及翼覆羽红棕色，有白色、黑色羽缘。雌鸟似雄鸟，但头顶不为白色，而为红褐色。冬羽斑纹变化小，但总体以茶褐色为主。

翻石鹬 / 聂延秋　摄

习性及分布：栖息于沼泽地带，喜碎石滩涂。觅食时常用微向上翘的嘴翻开小石寻找食物，以甲壳类、软体动物、昆虫等为食，也食种子和坚果。繁殖期5～7月，每窝通常产卵4枚，偶有3枚或多至5枚。国内为旅鸟和冬候鸟，分布广泛，除云南、贵州、四川外，见于各地，部分于福建、广东沿海一带及台湾越冬。本地少见，旅鸟。

翻石鹬 / 亦诺　摄

红腹滨鹬（夏羽）/ 黄进 摄

105 红腹滨鹬

鸻形目 CHARADRIIFORMES
鹬 科 Scolopacidae

学名 / *Calidris canutus*　英文名 / Red Knot　俗名 / 水札子、漂鹬

　　形态特征：全长24cm。虹膜暗褐色；嘴黑色，直而短；腿短，绿色，跗蹠和趾绿色。夏羽头、颈与下体均为鲜明的棕红色；背面杂有棕红色斑纹；尾上覆羽白色，具黑色横纹。冬羽棕红色全部消失，通体以灰色为主。

　　习性及分布：栖息于河湖岸边、沼泽湿地，以软体动物、甲壳类、环节动物、昆虫等为食。繁殖期6～8月，繁殖于环北极苔原地带，营巢于冻原山地和低山丘陵及其沿海海边，每窝产卵3～5枚。国内多为旅鸟和不普遍的冬候鸟，

红腹滨鹬（冬羽）/ 聂延秋 摄

迁徙时见于内蒙古、辽宁、青海及华北、华南和东南沿海地区，部分在广东沿海、福建、台湾越冬。本地偶见，旅鸟。

126

108 红颈滨鹬

鸻形目 CHARADRIIFORMES
鹬 科 Scolopacidae

学名 / *Calidris ruficollis*　英文名 / Red-necked Stint　俗名 / 红胸滨鹬

形态特征：全长约15cm。虹膜褐色；嘴黑色，稍下弯；跗蹠、趾、爪黑褐色。夏羽头、颈、上胸红褐色，耳及颊部淡棕红色；头顶、颈侧、枕部有黑褐色细纹；上体余部黑褐色，背具黑褐色中央斑和白色羽缘。冬羽上体灰褐色，头颈白色，具杂斑纵纹。雌雄同色。

习性及分布：栖息于沿海地带、浅水沼泽或积水草甸，结大群活动，性活跃，行走或奔跑敏捷，以水生昆虫、蠕虫、甲壳类和软体动物为食。繁殖期6~8月，营巢于苔原草本植物丛中，每窝产卵4枚。国内多为旅鸟，分布广泛，见于各地，部分越冬于云南、广西、广东、海南、香港、台湾。本地少见，旅鸟。

红颈滨鹬 / 聂延秋　摄

红颈滨鹬 / 亦诺　摄

红颈滨鹬 / 聂延秋　摄

107 青脚滨鹬

鸻形目 CHARADRIIFORMES
鹬　科 Scolopacidae

学名 / *Calidris temminckii*　英文名 / Temminck's Stint　俗名 / 水札子、滨鹬、乌脚滨鹬

青脚滨鹬 / 聂延秋　摄

青脚滨鹬 / 王中强　摄

青脚滨鹬 / 聂延秋　摄

　　形态特征：全长约 14cm。虹膜褐色；嘴黑色；跗蹠和趾较短，绿色。夏羽眼圈白色，头、颈黄褐色且具细纵纹；上体灰褐色且具黄褐色翼斑，下体羽白色。冬羽似夏羽，但冬羽的上体黄褐色变为暗褐色并具黑色羽轴，颈灰褐色。雌雄相似。

　　习性及分布：栖息于河流附近的沼泽地和沙洲，在浅水中或草地上觅食，以昆虫、小甲壳动物、蠕虫为食。繁殖期 6～8 月，营巢于苔原草本植物丛中。国内多为旅鸟，分布广泛，见于各地，部分越冬于云南、广西、广东、海南及香港、台湾。本地常见，旅鸟。

108 长趾滨鹬

鸻形目 CHARADRIIFORMES
鹬 科 Scolopacidae

学名 / *Calidris subminuta*　英文名 / Long-toed Stint　俗名 / 水扎子、云雀鹬

　　形态特征：全长约15cm。虹膜暗褐色；嘴短，黑色，稍下弯，下基部缀有褐色或草灰绿色；跗蹠和趾黄绿色，趾长于嘴峰。夏羽上体茶褐色，头至后颈有黑褐色纵纹，具显著的白色眉纹，背具黑色斑点并伴白色羽缘，在背羽上形成"V"形白斑；下体白色，头侧、胸侧及胁浅茶褐色，具深色纵纹。冬羽上体较浅淡，胸侧及两胁的浅茶褐色消失。

　　习性及分布：主要栖息于沿海或内陆淡水与盐水湖泊、河流、水塘和泽沼地带，常单独或成小群活动，以昆虫及其幼虫、软体动物等小型无脊椎动物为食。

繁殖期6～8月，每窝产卵4枚。国内多为旅鸟，分布广泛，见于各地，部分在福建、广东沿海地区及海南、台湾越冬。本地常见，旅鸟。

长趾滨鹬 / 聂延秋　摄

长趾滨鹬 / 聂延秋　摄

129

弯嘴滨鹬 / 聂延秋　摄

109 弯嘴滨鹬

鸻形目 CHARADRIIFORMES
鹬　科 Scolopacidae

学名 / *Calidris ferruginea*　英文名 / Curlew Sandpiper　俗名 / 水札子、浒鹬

形态特征：全长约21cm。虹膜暗褐色；嘴黑色，基部褐绿色；跗蹠和趾黑色，飞行时跗蹠和趾超出体外。雄鸟嘴细长下弯，夏羽通体锈红色，上背具黑色羽轴和白色羽缘，胸腹羽缘白色，形成细短白色斑纹。雌鸟嘴较雄鸟稍长，下体浅锈红，密布白色细横纹。冬羽锈红色消失，上体灰褐色，羽缘白色，下体白色。

习性及分布：栖息于沿海滩涂及近海的稻田和鱼塘。通常与其他滨鹬及鹬类混群，以昆虫、甲壳类和软体动物为食。繁殖期6～7月，每窝产卵3～4枚。国内分布广泛，除云南、贵州外，见于各地，部分在福建、广东沿海地区及海南、台湾越冬。本地常见，旅鸟。

弯嘴滨鹬（夏羽）/ 聂延秋　摄

弯嘴滨鹬（冬羽）/ 亦诺　摄

110 阔嘴鹬

鸻形目 CHARADRIIFORMES
鹬 科 Scolopacidae

学名 / *Limicola falcinellus* 英文名 / Broad-billed Sandpiper

形态特征：全长约 17cm。虹膜褐色；嘴黑色，稍长，先端下曲，基部膨大；跗蹠和趾灰黑色。夏羽上体黑褐色，具赤褐色和白色羽缘，下体白色，具黑褐色点状斑；头部具黑褐色宽阔冠纹和侧冠纹，之间为白色头侧纹，与白色眉纹等长；尾羽暗褐，有灰色端斑。冬羽上体灰褐色，羽缘白色，下体白色，具灰褐色块斑。雌雄同色。

习性及分布：栖息于冻原及冻原地带原始森林中的湖泊、河流、水塘、沼泽岸边及草地，以水生昆虫、蠕虫、环节动物、植物种子为食。繁殖期 6～7 月，每窝产卵 4 枚，雌雄轮流孵卵。国内主要为旅鸟，迁徙时见于东北地区、河北、北京、天津、山东、新疆、内蒙古、青海及华东沿海地区，部分在福建、广东沿海一带及海南、台湾越冬。本地少见，旅鸟。

阔嘴鹬 / 黄进 摄

阔嘴鹬 / 聂延秋 摄

111 流苏鹬
鸻形目 CHARADRIIFORMES
鹬 科 Scolopacidae

学名 / *Philomachus pugnax*　英文名 / Ruff

形态特征：全长约 30cm。虹膜褐色；嘴褐色，嘴基近黄、冬季灰色；跗蹠和趾多色，或黄或绿或为橙褐色。头小颈长。腿长，飞翔时露出尾外。雄鸟夏羽头后至耳羽及前胸具橙、白、绿褐色等流苏状饰羽，羽色变异大，有白、乳黄、红褐、灰褐及暗紫褐色；背部也有不同颜色的变化，胸以下白色，胸侧有黑褐色粗斑纹。冬羽无饰羽，体羽灰褐色。雌鸟眼圈白色，有黑色贯眼纹；嘴青灰色且略向下弯；上体黑褐色且具黄褐色羽缘。

习性及分布：栖息于河、湖岸边，沼泽、沿海滩涂，主要以小型无脊椎动物为食，有时也吃植物种子。繁殖期 5～8 月，营巢于沼泽湿地和水域岸边，雌鸟独自繁殖，每窝产卵 3～4 枚。国内主要为旅鸟，迁徙时途经黑龙江、吉林、河北、北京、内蒙古、新疆西部、西藏南部、云南、湖北、湖南、华东沿海及台湾，部分在广东、福建及香港沿海越冬。本地少见，旅鸟。

流苏鹬（冬羽）/ 聂延秋 摄

流苏鹬 / 聂延秋 摄

流苏鹬（夏羽）/ 聂延秋 摄

银鸥 / 苗春林 摄

112 银鸥

鸻形目 CHARADRIIFORMES
鸥　科 Laridae

学名 / *Larus argentatus*　英文名 / Herring Gull　俗名 / 海鸥

　　形态特征：全长约 60cm。虹膜淡黄色，眼及眼眶黄色；嘴黄色，下嘴端有红斑；跗蹠和趾淡粉红色。夏羽头、颈、腰、尾上覆羽以及尾羽、下体羽白色；背肩部、翼上覆羽灰色；初级飞羽末端黑色，具白色次端斑。冬羽与夏羽相似，但头顶、后颈淡灰色；上背具灰褐色稀疏纵纹；眼周有一细的黑圈。

　　习性及分布：栖息于宽阔水域，主要以鱼虾、各种无脊椎动物为食，春季啄食鼠类、蜥蜴、鱼类尸体，有时也偷食鸟卵和雏鸟。繁殖期 5～7 月，每窝产卵 2～3 枚。在中国繁殖于内蒙古、新疆、黑龙江等地，在长江以南越冬。本地常见，旅鸟。

银鸥 / 陈学古 摄

银鸥（亚成鸟）/ 虞炜 摄

渔鸥／王中强　摄

113 渔鸥
鸻形目 CHARADRIIFORMES
鸥　科 Laridae

学名／*Larus ichthyaetus*　英文名／Great Black-headed Gull　俗名／大黑头鸥、海猫子

　　形态特征：全长约69cm。虹膜褐色；嘴黄色，尖端红色，红黄色之间有黑斑；跗蹠和趾黄色。夏羽上体灰色，颈部、下体、尾羽白色；翼上初级飞羽上有黑斑，飞翔时清晰可见；头部黑色，有金属光泽。冬羽头白色，眼周留有黑色。

　　习性及分布：栖息于沼泽、滩涂、干旱平原湖泊，以鱼为食，也吃鸟卵、雏鸟、蜥蜴以及其他动物内脏等。繁殖期5～7月，营巢于水边的山崖或沙地上，每窝产孵1～5枚。国内繁殖于内蒙古、宁夏、甘肃、新疆、西藏、青海，越冬于广东及香港，迁徙时途经华北、华中、华东地区及云南、四川。本地常见，旅鸟。

渔鸥／聂延秋　摄

渔鸥／聂延秋　摄

114 棕头鸥

鸻形目 CHARADRIIFORMES
鸥 科 Laridae

学名 / *Larus brunnicephalus*　英文名 / Brown-headed Gull　俗名 / 海鸥

形态特征：全长约46cm。虹膜暗褐色，嘴、跗蹠和趾均为暗红棕色，爪黑褐色。夏羽似红嘴鸥，但体型大，嘴较粗，头部棕褐色，翼尖黑色，初级飞羽基部具大块白斑。冬羽头部白色，眼先污色，眼后具深褐色块斑。

习性及分布：栖息于高原湖泊、河流、沼泽，主要以鱼类为食。繁殖期4～6月，每窝产卵3～6枚。国内繁殖于内蒙古、甘肃、新疆、西藏、青海，越冬于云南、海南及福建、广东沿海一带，在华北地区为旅鸟。本地常见，旅鸟。

棕头鸥 / 聂延秋　摄

棕头鸥 / 王中强　摄

135

红嘴鸥 / 聂延秋 摄

115 红嘴鸥

鸻形目 CHARADRIIFORMES
鸥　科 Laridae

学名 / *Larus ridibundus*　英文名 / Black-headed Gull　俗名 / 笑鸥、海鸥、钓鱼郎

　　形态特征：全长约40cm。虹膜褐色；嘴红色，亚成鸟嘴尖黑色；跗蹠和趾红色。夏羽头颈部棕黑色，眼前和后颈有黑褐色斑，体羽灰白色，翅蓝灰色，翅尖黑色。冬羽头颈部白色。

　　习性及分布：栖息于湖泊、池塘、淡水水域、河流、沼泽地带，常3～5只成群活动，在水面上空盘旋飞行，以鱼、虾、昆虫等为食。繁殖期4～6月，通常营巢于湖泊、水塘、河流等水域岸边或水中小岛上，每窝产卵2～6枚。国内分布广泛，见于各地。本地常见，旅鸟。

红嘴鸥（夏羽）/ 苗春林　摄

红嘴鸥（冬羽）/ 李振银　摄

红嘴鸥／陈学古　摄

红嘴鸥／苗春林　摄

116 遗鸥

鸻形目 CHARADRIIFORMES
鸥　科 Laridae

学名 / *Larus relictus*　英文名 / Relict Gull　俗名 / 黑头鸥、钓鱼郎

形态特征：全长约 46cm。虹膜褐色，嘴、跗蹠和趾暗红色，爪黑色。夏羽上体灰色，头近黑色，上、下眼睑白色独特醒目，颈、胸、腰白色；两翼灰色，初级飞羽远端黑白相间，翼折合时形成明显的花斑。冬羽全身大致白、灰两色，眼后、头顶、颈部有黑色斑。

遗鸥 / 李振银　摄

习性及分布：栖息于草原、沙漠中的湖泊、沼泽，以水生无脊椎动物及水生昆虫为食。繁殖期 5~7 月，营巢于沙岛上，每窝产卵 2~3 枚。繁殖于内蒙古鄂尔多斯市和内蒙古与陕西的界湖红碱淖，繁殖季节还见于内蒙古锡林浩特市南部、阿拉善盟额济纳旗等地，迁徙时，在内蒙古各地及陕西北部、河北、山西、江苏、新疆均可见到。本地常见，旅鸟。列为国家Ⅰ级重点保护野生动物。

遗鸥 / 苗春林　摄

遗鸥（在湖中岛栖息）/ 陈学古　摄

遗鸥（鸣叫）/ 虞炜　摄

遗鸥（在沙滩栖息）/ 虞炜　摄

遗鸥（求偶）/ 陈学古　摄

遗鸥（育雏）/ 陈学古　摄

117 鸥嘴噪鸥
鸻形目 CHARADRIIFORMES
燕鸥科 Sternidae

学名 / *Gelochelidon nilotica*　英文名 / Gull-billed Tern　俗名 / 鸥嘴燕鸥、噪鸥

鸥嘴噪鸥 / 黄进　摄

　　形态特征：全长约 34 cm。虹膜暗褐色；嘴型粗，黑色；跗蹠和趾黑色。体形似普通燕鸥，但较其粗大。夏羽额、头顶、后颈黑色，头、前颈、下体白色，肩、背、翼灰褐色，尾羽灰白色，分叉小，外侧及末端白色。冬羽似夏羽，但头顶全白色，有黑色粗眼斑。

　　习性及分布：栖息于芦苇沼泽、河湖地带，喜集小群，以鱼、虾、昆虫等为食。繁殖期 4～5 月，通常营巢于大的湖泊与河流岸边沙地或泥地上，也在河口滩涂沼泽地上营巢，每窝产卵 2～3 枚。

国内繁殖于内蒙古、新疆、河北、北京、天津、山东、河南，终年居留于江苏、上海、浙江及福建、广东沿海地区。本地少见，旅鸟。

鸥嘴噪鸥 / 王中强　摄

红嘴巨燕鸥 / 陈学古　摄

118 红嘴巨燕鸥

鸻形目 CHARADRIIFORMES
燕鸥科 Sternidae

学名 / *Hydroprogne caspia*　英文名 / Caspian Tern　俗名 / 黑海巨鸥

　　形态特征：全长约49cm。虹膜棕褐色；嘴粗大，夏季红色，尖端略黑，冬季橙红色，尖端栗褐色；跗跖和趾夏季黑色，冬季栗褐色。夏羽顶冠黑色，体背灰色，下体白色，飞翔时初级飞羽灰色；翼长，尾短，尾呈鱼尾状。冬羽头顶白色并具纵纹，初级飞羽腹面黑色。

　　习性及分布：栖息于河湖、芦苇沼泽等处，俯冲入水觅食小鱼。繁殖期4~6月，通常营巢于植物稀疏的盐碱地上，每窝产卵2~3枚。国内繁殖于吉林、辽宁、河北、北京、天津、山东、江西、江苏、上海、浙江，终年居留于福建、广东沿海一带，在台湾为冬候鸟，迁徙时途经内蒙古、新疆以南及华东地区。本地常见，旅鸟。

红嘴巨燕鸥 / 亦诺　摄

红嘴巨燕鸥 / 聂延秋　摄

119 普通燕鸥

鸻形目 CHARADRIIFORMES
燕鸥科 Sternidae

学名 / *Sterna hirundo*　英文名 / Common Tern　俗名 / 长翅海燕、捞鱼燕

形态特征：全长约35cm。虹膜暗褐色；嘴红色，先端黑色，细长而尖；跗蹠和趾红色，爪黑色。夏羽头、后颈黑色，背和翅暗灰色，下体颈前到胸、腹部近白色，尾明显分叉。冬羽额及头部白色，过眼线、后枕、颈背黑色。

习性及分布：栖息于淡水水域的沼泽、水塘、河滩上，觅食时冲入水中取食，以鱼、虾和水生昆虫等为食；常呈小群活动。繁殖期4～6月，每窝产卵3枚。国内分布广泛，多为夏候鸟和旅鸟，除云南、重庆、安徽、湖南、澳门外，见于各地。本地为优势种，夏候鸟。

普通燕鸥 / 苗春林　摄

普通燕鸥 / 陈学古　摄

180 白额燕鸥

鸻形目 CHARADRIIFORMES
燕鸥科 Sternidae

学名 / *Sterna albifrons*　英文名 / Little Tern　俗名 / 钓鱼郎、捞鱼蝶

白额燕鸥 / 陈学古　摄

　　形态特征：全长约 26cm。虹膜暗褐色；嘴黄色，先端黑色；爪黑色，跗蹠和趾橙红色，非繁殖期跗蹠和趾暗褐红色。夏羽头上半部至枕部、颈后、贯眼纹为黑色，额部为白色，身体颜色似普通燕鸥。冬羽前额白色部分扩大，头顶杂以白纹。

　　习性及分布：栖息于较大水域附近，捕食鱼、虾、水生无脊椎动物、水生昆虫等。繁殖期 5～7 月，每窝产卵 2～3 枚，成对或成小群繁殖。国内分布广泛，多为夏候鸟，除西藏、广西外，见于各地。本地为优势种，夏候鸟。

白额燕鸥 / 虞炜　摄

灰翅浮鸥（育雏）/ 陈学古 摄

121 灰翅浮鸥

鸻形目 CHARADRIIFORMES
燕鸥科 Sternidae

学名 / *Chlidonias hybrida*　英文名 / Whiskered Tern　俗名 / 小捞鱼鱼蝶、白翅黑海燕

　　形态特征：全长约25cm。虹膜猩红；嘴肉红色，嘴端栗色；跗蹠和趾红色，爪黑色。夏羽上体灰色，额、头顶、枕部和后上颈为绿黑色，头部其余部分白色，腹部深黑色，翅尖长，尾较短，叉状。冬羽前额白色，头顶后颈绿黑色，具白色纵纹，耳羽有黑斑。雌雄同色。

　　习性及分布：栖息于较大水域附近，以鱼虾、昆虫等为食。繁殖期5～7月，常数十只，甚至上百只成群在一起营群巢，通常营巢于开阔的浅水湖泊和附近芦苇沼泽地上，每窝产卵3枚。国内分布广泛，除西藏、贵州外，见于各地。本地为优势种，夏候鸟。

灰翅浮鸥（营巢）/ 陈学古 摄

灰翅浮鸥（捕食）/ 苗春林 摄

122 白翅浮鸥

鸻形目 CHARADRIIFORMES
燕鸥科 Sternidae

学名 / *Chlidonias leucopterus*　英文名 / White-winged Tern　俗名 / 鱼蝶、白翅黑海燕

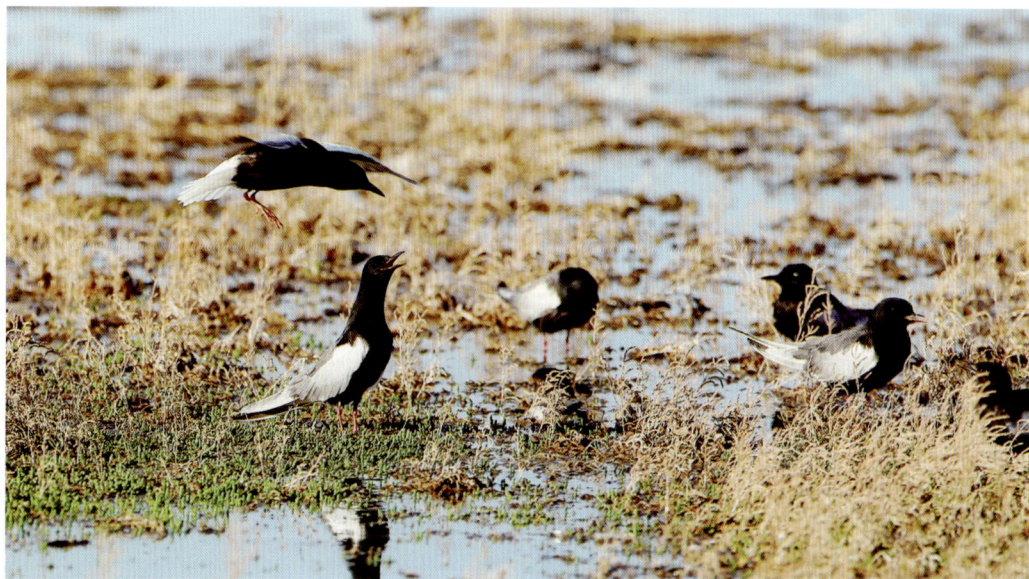

白翅浮鸥 / 聂延秋　摄

形态特征：全长约 28cm。虹膜深褐色；嘴在繁殖期时红色，非繁殖期时黑色；跗蹠和趾橙红色。夏羽头、颈、上背及下体均黑色；肩、下背和腰灰黑色；翅上覆羽银灰色；尾羽银灰色，尾上覆羽和尾下覆羽白色。冬羽头顶黑色杂有白斑；额和颈侧白色，从眼至耳有一黑色带斑；背、腰灰黑色；下体白色。

习性及分布：栖息于河、湖、水塘、沼泽，飞行中掠水面取食。繁殖期 6～8 月，营群巢，通常营巢于湖泊和沼泽中水生植物堆上，每窝产卵通常 3 枚。国内分布广泛，见于各地。本地为优势种，夏侯鸟。

白翅浮鸥 / 徐文潮　摄

白翅浮鸥 / 苗春林　摄

毛腿沙鸡 / 黄进 摄

123 毛腿沙鸡

沙鸡目 PTEROCLIFORMES
沙鸡科 Pteroclidae

学名 / *Syrrhaptes paradoxus*　英文名 / Pallas`s Sandgrouse　俗名 / 突厥雀

形态特征：全长约37cm。虹膜暗褐色，嘴蓝灰色，跗蹠和趾部有短羽，爪棕褐色。雄鸟额、头顶、头侧、眉纹灰黄色，后颈、颏部棕灰色，喉及颈部有锈色斑；背部沙褐色，密被不规则黑色横斑；腹部皮黄色，有细横斑，形成黑色胸带，有一大块黑色斑；翅尖长，中央一对尾羽特别尖长。雌鸟无胸带，颈部有一细黑带，头颈有细黑纹。

习性及分布：栖息于开阔、贫瘠荒漠原野、草原及半荒漠地带和耕地，结群生活。繁殖期4～7月，在沙地挖穴筑巢，每窝产卵2～3枚，雌雄轮流孵卵。成鸟飞行速度极快，可带水回巢，饮哺幼雏。国内繁殖于黑龙江、吉林、山西、内蒙古、宁夏、甘肃、新疆、青海西北部，越冬于辽宁、河北、北京、山东、四川、广西等地。本地少见，旅鸟。

毛腿沙鸡（左雌右雄）/ 聂延秋 摄

毛腿沙鸡 / 黄进 摄

124 山斑鸠

鸽形目 COLUMBIFORMES
鸠鸽科 Columbidae

学名 / *Streptopelia orientalis*　英文名 / Oriental Turtle Dove　俗名 / 斑鸠、野鸽子

山斑鸠 / 聂延秋　摄

　　形态特征: 全长约33cm。虹膜金黄色, 嘴暗灰色, 跗蹠和趾紫红色, 爪暗褐色。头部淡灰色, 上体以褐色为主, 后颈具黑色、白色相间的5道横纹。尾黑色而端部白色。下体以粉褐色为主, 腹部淡灰色。体背黑褐色且具红褐色羽缘。雌雄同色。

　　习性及分布: 栖息于农田、村庄、树林。繁殖期4～7月, 营巢于森林中树上或宅旁竹林、孤树或灌木丛中, 每窝产卵2枚。国内多为留鸟, 分布广泛, 见于各地。本地少见, 旅鸟。

山斑鸠 / 聂延秋　摄

灰斑鸠 / 陈学古 摄

125 灰斑鸠

鸽形目 COLUMBIFORMES
鸠鸽科 Columbidae

学名 / *Streptopelia decaocto*　英文名 / Eurasian Collared Dove　俗名 / 领斑鸠、野楼楼

形态特征：全长约30cm。虹膜红色，嘴近黑色，跗蹠和趾暗粉红色。上体大部淡葡萄褐色，头顶灰色，后颈基部有一黑色半月状领环，领环上下缘淡蓝灰色，眼周裸出部灰白色；喉白色，胸部渲染粉红色，尾下覆羽端白色而基黑色，翼褐色较轻；下体灰色，略染粉色。雌雄同色。

习性及分布：栖息于平原及疏林地带，常在农田及村落附近活动，以作物种子、杂草籽为食。繁殖期4～8月，通常营巢于小树上或灌丛中，每窝产卵2枚。国内终年居留于华北、西北地区和黑龙江、辽宁、山东、河南、内蒙古。本地为优势种，留鸟。

灰斑鸠 / 苗春林 摄

126 珠颈斑鸠

鸽形目 COLUMBIFORMES
鸠鸽科 Columbidae

学名 / *Streptopelia chinensis*　英文名 / Spotted Dove　俗名 / 鸪雕、花斑鸠

　　形态特征：全长约 32cm。虹膜暗褐色；嘴黑褐色；跗蹠和趾紫红色，爪黑褐色。上体以褐色为主，下体粉红色，额灰色，前颈粉红色，后颈有宽阔的黑色领斑，缀以白色的珠状细斑，外侧尾羽黑褐色，末端白色。雌雄同色。

　　习性及分布：栖息于多树的草地、农田或住家附近，常飞到地上、旱田或小溪边觅食，主要以植物种子为食。繁殖期 5 ~ 7 月，用小树枝在树杈上搭建极为简单的平台巢，每窝产卵 2 ~ 3 枚，幼鸟孵出后，亲鸟的嗉囊能将食物消化

珠颈斑鸠 / 陈学古　摄

成食糜并分泌一些特殊成分形成"鸽乳"，用于喂养幼鸟。国内分布广泛，终年居留于除东北地区、新疆、西藏之外的各地。本地常见，留鸟。

珠颈斑鸠 / 聂延秋　摄

149

127 四声杜鹃

鹃形目 CUCULIFORMES
杜鹃科 Cuculidae

学名 / *Cuculus micropterus*　英文名 / Indian Cuckoo　俗名 / 光棍好苦、布谷鸟

形态特征：全长约30cm。虹膜黄色；嘴暗灰褐色，下嘴基部和嘴裂黄色；跗蹠和趾黄色，爪黑褐色。雄鸟上体、两翼灰褐色；喉至上胸浅灰色；腹部白色，具有黑色粗横斑；翅缘有一白斑；尾羽先端污白色，次端斑为宽阔的黑斑带。雌鸟喉部和头顶部褐色，下体横斑较粗。

习性及分布：栖息于常绿阔叶林、次生林、疏林区。叫声响亮，清晰的4声哨音不断重复，第四声较低，常在晚上叫。鸣声4声一度，声音高亢宏亮。声音似"花—花—苞—谷"，或"光—棍—好—过"。多单独或成对活动，主要以昆虫为食。繁殖期5～7月，自己不营巢，通常将卵产于大苇莺、灰喜鹊、黑卷尾、黑喉石䳭等鸟的巢中，由义亲代孵代育。国内分布广泛，多为夏候鸟，除新疆、西藏、青海外，见于各地。本地少见，旅鸟。

四声杜鹃（雌鸟）/ 聂延秋　摄

四声杜鹃（雄鸟）/ 聂延秋　摄

大杜鹃 / 虞炜 摄

128 大杜鹃

鹃形目 CUCULIFORMES
杜鹃科 Cuculidae

学名 / *Cuculus canorus*　英文名 / Common Cuckoo　俗名 / 郭公、布谷鸟、喀咕

形态特征：全长约30cm。虹膜黄色；嘴黑褐色，嘴端近黑色，下嘴基部黄色；跗蹠、趾黄色。上体灰色，两翼暗褐色，腹部白色而具有黑褐色横斑。雌雄同色。

习性及分布：喜欢在有林地带及大片芦苇地内活动，鸣声响亮，叫声为两声"布谷"，有"布谷鸟"之名，主要以鳞翅目、鞘翅目、膜翅目等昆虫的幼虫为食。繁殖期5～7月，自己不营巢，将卵置于大苇莺、红尾伯劳等鸟巢中，由寄主代孵代育，卵的颜色随寄主的不同而有很大的变化。国内分布广泛，多为夏候鸟，除香港外，见于各地。本地常地，夏候鸟。

大杜鹃 / 苗春林 摄

大杜鹃 / 陈学古 摄

151

129 雕鸮

鸮形目 STRIGIFORMES
鸱鸮科 Strigidae

学名 / *Bubo bubo*　英文名 / Eurasian Eagle-owl　俗名 / 恨狐、横狐

形态特征：全长约80cm。虹膜金黄色，眼大而圆，嘴、跗蹠和趾铅灰色并具利钩。额基和眼先密布白色须，端部黑色；眼上方具一大黑斑，耳羽簇长而显著。通体羽毛黄褐色，有黑色斑点和纵纹；胸部、两胁有黑色纵纹，腹部有细小横斑纹。雌雄同色。

习性及分布：栖息于山地森林、疏林，通常远离人群，除繁殖期外常单独活动。夜行性，白天多躲藏在密林中栖息，以各种鼠类为主要食物，被誉为"捕鼠专家"。繁殖期随地区而不同，东北地区4～7月，而西南地区则从12月开始。

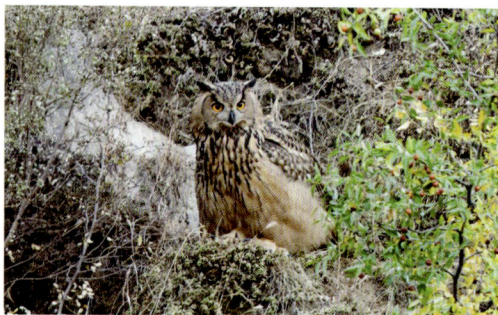

雕鸮 / 苗春林　摄

营巢于树洞中、悬崖峭壁下面的凹处、或者直接产卵于地面上的凹处，每窝产卵3～5枚。国内分布广泛，除海南、台湾外，终年居留于各地。本地少见，留鸟。列为国家Ⅱ级重点保护野生动物。

雕鸮 / 聂延秋　摄

130 纵纹腹小鸮

鸮形目 STRIGIFORMES
鸱鸮科 Strigidae

学名 / *Athene noctua*　英文名 / Little Owl　俗名 / 小花猫头鹰

纵纹腹小鸮 / 陈学古　摄

纵纹腹小鸮 / 陈学古　摄

纵纹腹小鸮 / 黄进　摄

　　形态特征：全长约 23cm。虹膜黄色；嘴黄绿色；跗蹠和趾黑褐色，均被有棕白色羽毛。头部扁圆，无耳羽簇，有淡色眉纹并在前额连接，具有平阔的白色髭纹；眼周、颏、白色。上体褐色具白色纵纹及斑点；肩上有两道白色或皮黄色的横斑。

　　习性及分布：栖息于树林、丘陵荒坡、草原等环境，主要在白天活动，常在大树顶端和电线杆上休息。叫声多变。主要捕食鼠类和鞘翅目昆虫，也吃小鸟、蜥蜴、蛙等小型动物。繁殖期 5～7 月，通常营巢于悬崖的缝隙、岩洞、废弃建筑物的洞穴等处，每窝产卵 2～3 枚。国内终年居留于东北和华北地区、甘肃、青海、四川北部和西部、新疆、西藏南部和中部、云南西北部、湖北西北部、山东、河南、陕西、内蒙古、江苏北部。本地常见，留鸟。列为国家 II 级重点保护野生动物。

181 长耳鸮

鸮形目 STRIGIFORMES
鸱鸮科 Strigidae

学名 / *Asio otus*　英文名 / Long-eared Owl　俗名 / 猫头鹰、长耳猫头鹰、夜猫子

　　形态特征：全长约34cm。脸盘及虹膜橙黄色，嘴黑色，跗蹠和趾暗铅色。上体棕黄色且具褐色纵纹，下体棕色且具黑色纵纹。嘴侧具白色"X"图形。头顶有两簇具黑色或皮黄色斑纹的长羽。

　　习性及分布：栖息于针叶林、阔叶林中。夜行性，平时多单独或成对活动，但迁徙期间和冬季常结成10～20只小群。繁殖期常于夜间鸣叫，其声低沉而长，似不断重复的"hu-hu-"声。以鼠类等啮齿动物为食。繁殖期4～6月，营巢于森林之中，通常利用乌鸦、喜鹊或其他猛禽的旧巢，有时也在树洞中营巢，每窝产卵3～8枚。国内分布广泛，除海南外，见于各地。本地常见，冬候鸟。列为国家II级重点保护野生动物。

长耳鸮 / 陈学古　摄

长耳鸮 / 聂延秋　摄

132 短耳鸮
鸮形目 STRIGIFORMES
鸱鸮科 Strigidae

学名 / *Asio flammeus*　英文名 / Short-eared Owl　俗名 / 小耳木兔、短耳猫头鹰、猫头鹰

形态特征: 全长约36cm。虹膜金黄色,嘴、爪黑色,跗蹠和趾被棕黄色羽。形似长耳鸮,但本种的耳簇羽不显著,上体黄褐色,具白色斑,下体黄色具深褐色纵纹。眼周黑色,眼黄色,面盘显白色,杂有黑色羽干纹,初级飞羽具橘黄色斑块。飞翔时翼下白色。

习性及分布: 栖息于草原、荒漠及沼泽等环境,多在黄昏和晚上活动和猎食,主要以鼠类为食,偶尔也吃植物果实和种子。繁殖期4～6月,通常营巢于沼泽附近草丛中,每窝产卵3～8枚。国内分布广泛,见于各地。本地少见,夏候鸟。列为国家Ⅱ级重点保护野生动物。

短耳鸮 / 聂延秋　摄

短耳鸮 / 亦诺　摄

188 普通雨燕

雨燕目 APODIFORMES
雨燕科 Apodidae

学名 / *Apus apus*　英文名 / Common Swift　俗名 / 褐雨燕、北京雨燕、野燕、麻燕

　　形态特征：全长约 18cm。虹膜暗褐色；嘴短阔而平，纯黑色，跗蹠和趾暗紫褐色。体形近似家燕而稍大，两翅狭长，飞行时向后弯曲如镰刀状。上体纯黑褐色，下体褐色，喉灰白色，胸、腹具白色细横纹，燕尾略差开。雌雄同色。

　　习性及分布：在旷野田圃间或湖沼水面上空回旋疾飞，以昆虫为食，有益农林。繁殖期 5 ~ 8 月，每窝产卵 2 ~ 3 枚。国内繁殖于东北和华北地区、山东、河南、陕西、内蒙古、宁夏、甘肃、新疆，迁徙时途经西藏、青海、四川西北部、湖北西部、江苏。本地常见，旅鸟。

普通雨燕 / 沈越　摄

普通翠鸟 / 徐文潮 摄

134 普通翠鸟

佛法僧目 CORACIIFORMES
翠鸟科 Alcedinidae

学名 / *Alcedo atthis*　英文名 / Common Kingfisher　俗名 / 翠雀儿、小鱼狗、水雀

　　形态特征：全长约16cm。虹膜土褐色；雄鸟嘴黑色，雌鸟上嘴黑色，下嘴红色；跗蹠和趾朱红色，爪黑色。头暗蓝绿色，具翠蓝色细斑。眼下和耳羽栗棕色，耳后颈侧白色，体背灰翠蓝色，肩和翅暗绿蓝色，翅上杂有翠蓝色斑。喉部白色，下体栗棕色，尾短，蓝绿色。

　　习性及分布：栖息于淡水湖泊、溪流、鱼塘等地，以鱼类为食，也食甲壳类和水生昆虫。繁殖期4～7月，营巢于溪流旁土堤坝上，挖掘土洞为巢，每窝产卵6～7枚。国内分布广泛，见于各地，为留鸟和夏候鸟。本地常见，夏候鸟。

普通翠鸟 / 陈学古 摄

普涌翠鸟 / 李振银 摄

185 戴胜

戴胜目 UPUPIFORMES
戴胜科 Upupidae

学名 / *Upupa epops*　英文名 / Eurasian Hoopoe　俗名 / 臭姑姑、花和尚、花蒲扇

形态特征：全长约18cm。虹膜褐色；嘴黑色，长且下弯；跗蹠和趾黑色。头具有长冠羽，冠羽棕色而端黑色，头、颈、胸棕色，腹白色。翼及尾具黑、白相间的条纹。雌雄相似。

习性及分布：栖息于山地、平原、农田、草地、村屯和果园等开阔地方，尤其以林缘耕地生境较为常见，以昆虫为食。繁殖期4～6月，在树上的洞内做窝，每窝产卵6～8枚。国内分布广泛，除海南外，见于各地。本地常见，夏候鸟。

戴胜 / 苗春林　摄

戴胜 / 徐文潮　摄

戴胜 / 聂延秋　摄

136 蚁䴕

鸮形目 PICIFORMES
啄木鸟科 Picidae

学名 / *Jynx torquilla*　英文名 / Eurasian Wryneck　俗名 / 蛇头鸟

形态特征：全长约 17cm。虹膜淡栗色，嘴、跗蹠和趾淡灰色。全身体羽银灰，色淡，两翅表面沾黄褐色，满布黑褐色纹，斑驳杂乱，极似蛇蜕颜色，故称"蛇皮鸟"。上体及尾棕灰色，自后枕至下背有一暗黑色菱形斑块；下体具细小横斑。雌雄同色。

习性及分布：栖息于低山丘陵和山脚平原的阔叶林或混交林的树木上，喜单独活动。栖于树枝而不攀树，也不啄凿树干取食，常在地面取食。遇惊时头部往两侧扭动，俗称"歪脖"。取食蚂蚁，舌长，具钩端及黏液，可伸入树洞或蚁巢中取食。繁殖期 6 ~ 7 月，营巢于树洞中，每窝产卵 5 ~ 14 枚。国内分布广泛，见于各地。本地少见，旅鸟。

蚁䴕 / 聂延秋　摄

蚁䴕 / 陈学古　摄

159

137 大斑啄木鸟

鴷形目 PICIFORMES
啄木鸟科 Picidae

学名 / *Dendrocopos major*　英文名 / Great Spotted Woodpecker　俗名 / 叨木冠子、花锛打木、花叨木冠子

大斑啄木鸟 / 聂延秋　摄

大斑啄木鸟（雄鸟）/ 苗春林　摄

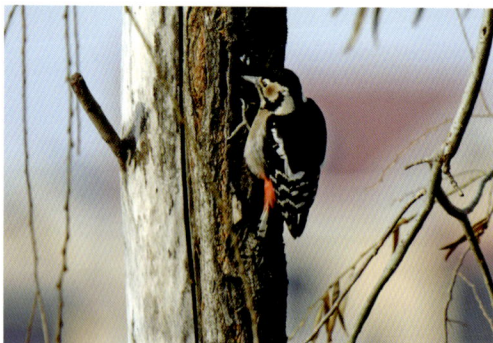

大斑啄木鸟（雌鸟）/ 陈学古　摄

　　形态特征：全长约 23cm。虹膜暗红色；嘴黑色，下嘴色淡；跗蹠和趾黑褐色。雄鸟上体黑色，枕部具红斑；尾黑色，楔形；羽轴坚硬，外侧尾羽有白色横斑；两翼黑色，有多条白色带纹和一大块白斑；额部、颊部、颏喉部及下体淡棕白色；黑色颊纹向后延伸至颈侧，并向上、下延伸，尾下覆羽红色。雌鸟似雄鸟，但枕部无红色斑带。

　　习性及分布：栖息于平原、丘陵和山地的阔叶林、园林等处。嘴强直似凿，舌细长且尖端具钩，善于取食树皮下面的昆虫。繁殖期 5 ~ 7 月，每年都于树干新凿洞巢，从不利用旧巢，每窝产卵 3 ~ 8 枚。国内终年居留于除福建、台湾、广东、广西、香港、澳门、北京、天津、湖南、重庆、陕西外各地。本地常见，夏候鸟。

188 灰头绿啄木鸟

鴷形目 PICIFORMES
啄木鸟科 Picidae

学名 / *Picus canus*　英文名 / Grey-headed Woodpecker　俗名 / 绿叨木冠、香锛打木

形态特征：全长约 27cm。虹膜红褐色；嘴铅灰色；跗蹠和趾灰绿色，爪浅褐色。雄鸟上体背部绿色，腰部和尾上覆羽黄绿色，额部和顶部红色，枕部灰色具黑纹，颊部和颏喉部灰色，眼先黑色；初级飞羽黑色，具白色横条纹，尾大部为黑色；下体灰绿色。雌雄相似，但雌鸟头顶和额部灰色，无红色斑。

灰头绿啄木鸟（雌鸟）/ 聂延秋　摄

习性及分布：栖息于山林间、多林的公园及村庄附近。性胆怯，常单独或成对活动，很少成群。飞行迅速，成波浪式前进。主要以昆虫为食，偶尔也吃植物果实和种子。繁殖期 5 ~ 7 月，每窝产卵 6 ~ 8 枚，营巢于树洞中。国内分布广泛，终年居留于除澳门、贵州、重庆外的各地。本地常见，夏候鸟。

灰头绿啄木鸟（雄鸟）/ 方平　摄

蒙古百灵 / 聂延秋　摄

180 蒙古百灵

雀形目 PASSERIFORMES
百灵科 Alaudidae

学名 / *Melanocorypha mongolica*　英文名 / Mongolian Lark　俗名 / 百灵鸟、百灵

　　形态特征： 全长约 18cm。虹膜褐色或灰褐色，嘴黑色，跗蹠和趾肉红色。雄鸟上体黄褐色，具棕黄色羽缘；头顶中央浅棕色，周围栗色；下体白色，上胸具有中央不连接的宽阔黑色横带，两胁稍杂以栗纹，颊部皮黄色，两条长而显著的白色眉纹在枕部相接。初级飞羽黑褐色，具白色翅斑，最外侧一对尾羽白色，其余尾羽深褐色，后爪长而稍弯曲。雌鸟似雄鸟，但颜色暗淡。

　　习性及分布： 栖息于开阔草原上，高飞时直冲天空，在地面上也善于奔跑，以草籽为食物，也食一些昆虫。善于鸣唱。繁殖期 5 ~ 7 月，巢由杂草筑成，每窝产卵 2 ~ 4 枚。国内为夏候鸟，繁殖于黑龙江西南部、吉林西部、河北北部、北京、天津、陕西北部、内蒙古、宁夏、甘肃西部、青海东部。本地常见，旅鸟。

蒙古百灵 / 亦诺　摄

140 大短趾百灵
雀形目 PASSERIFORMES
百灵科 Alaudidae

学名 / *Calandrella brachydactyla*　英文名 / Greater Short-toed Lark　俗名 / 叫天子

　　形态特征：全长约15cm。虹膜暗褐色；嘴黄褐色，端部近黑色；跗蹠和趾肉色。上体沙棕色或棕褐色，具黑色羽干纹。眉纹白色或棕白色，较短。下体淡皮黄色，上胸两侧有细小纵纹，尾下覆羽白色。雌雄相似。

　　习性及分布：栖息于干旱的平原及荒漠、半荒漠草原，以昆虫、植物种子为食。繁殖期5～7月，营巢在地面凹坑内，每窝产卵3～5枚。国内繁殖于新疆、内蒙古、西藏、青海北部、云南西北部、四川、黑龙江西部以及吉林西北部，越冬于华北地区、河南、陕西、宁夏、甘肃东南部、江苏及上海。本地常见，旅鸟。

大短趾百灵 / 聂延秋　摄

大短趾百灵 / 聂延秋　摄

141 短趾百灵

雀形目 PASSERIFORMES
百灵科 Alaudidae

学名 / *Calandrella cheleensis*　英文名 / Asian Short-toed Lark　俗名 / 白叫天、沙溜

形态特征： 全长约 14 cm。虹膜褐色，嘴黄褐色或灰绿色，跗蹠和趾黄褐色。大体沙褐色，嘴较短粗，无羽冠，野外观察常见其头顶部羽毛竖起。眼先、眉纹和眼周白色或皮黄色，颊和耳羽棕褐色。颏，喉乌白色。胸和两胁具暗褐色纵纹，胸部纵纹不明显。雌雄相似。

习性及分布： 栖息于干旱的平原、草地及农田。主要以草籽和昆虫为食。繁殖期 5～7 月，营巢于地上草丛凹坑内或耕地里，每窝产卵 4 枚。国内终年居留或繁殖于新疆、青海北部及南部、西藏东北部、甘肃、宁夏、内蒙古、东北和华北地区、山东、陕西、四川、江苏。本地常见，留鸟。

短趾百灵 / 聂延秋　摄

短趾百灵 / 聂延秋　摄

142 凤头百灵

雀形目 PASSERIFORMES
百灵科 Alaudidae

学名 / *Galerida cristata*　英文名 / Crested Lark　俗名 / 凤头阿兰、阿兰

形态特征： 全长约 18cm。虹膜暗褐色或沙褐色，嘴角褐色，跗蹠和趾黄褐色。上体沙褐色，具黑色纵纹，冠羽明显。眼先、颊、眉纹淡棕白色，贯眼纹黑褐色。尾羽较短，黑褐色；两翼褐色，翼尖黑褐色。下体棕白色，喉部及胸部具有黑褐色条纹。雌雄相似。

习性及分布： 栖息于荒漠、半荒漠、旱田等地。非繁殖期常结成大群，多为短距离飞行，飞翔时成波浪状前行；喜鸣唱，繁殖期尤为明显。以甲虫和草籽为食。繁殖期 5 ～ 7 月，营巢于草丛基部的地面上，每窝产卵 3 ～ 5 枚。国内终年居留于辽宁、河北、北京、河南、

风头百灵 / 陈学古　摄

山东、山西、陕西、内蒙古东部及西部、宁夏北部、甘肃、新疆、青海、西藏南部，越冬于四川北部、湖北、江苏。本地为优势种，留鸟。

143 云雀

雀形目 PASSERIFORMES
百灵科 Alaudidae

| 学名 / *Alauda arvensis* | 英文名 / Eurasian Skylark | 俗名 / 阿兰、窝勒、讷兰儿 |

形态特征：全长约18cm。虹膜暗褐色；嘴尖细，铅灰色；跗蹠和趾肉褐色。上体、头部为土褐色且具黑色纵纹，头顶具有短的冠羽，受惊吓时才竖起；胸部棕白色具黑褐色纵纹；腹部白色，两胁微棕色；最外侧一对尾羽白色，其余尾羽深褐色。后爪长而稍弯曲。雌雄相似。

习性及分布：栖于开阔平原。繁殖期雄鸟鸣啭洪亮动听，是鸣禽中少数能在飞行中歌唱的鸟类之一。以昆虫和种子为食。繁殖期4～8月，营巢于地面草丛中，每窝产卵3～5枚。国内繁殖于黑龙江、吉林、辽宁、内蒙古东北部、新疆，越冬于河北、北京、湖北、湖南、华东地区及福建、广东沿海一带，迁徙时途经我国大部分地区。本地少见，旅鸟。

云雀 / 聂延秋 摄

云雀 / 聂延秋 摄

云雀 / 苗春林 摄

角百灵（雄鸟）/ 陈学古　摄

144 角百灵

雀形目 PASSERIFORMES
百灵科 Alaudidae

| 学名 / *Eremophila alpestris* | 英文名 / Horned Lark | 俗名 / 土画眉 |

　　形态特征：全长约17cm。虹膜褐色或黑褐色，嘴峰黑色，跗蹠和趾黑褐色。雄鸟上体棕褐色至灰褐色，前额白色，顶部红褐色，在额部与顶部之间具宽阔的黑色带纹，带纹的后两侧有黑色羽簇突起于头后如角；颊部白色并具有黑色斑块，颏部及下体白色，具有黑色宽阔胸带，尾暗褐色，但外侧一对尾羽白色；后爪长而稍弯曲。雌鸟似雄鸟，头顶黑色，但头侧无角状羽簇。

　　习性及分布：栖息于干旱地带、荒漠、草地或岩石，非繁殖期多结群生活，常短距离低飞或奔跑，取食昆虫和草籽。繁殖期5～7月，营巢于草丛基部的地面上，每窝产卵4　5枚。国内终年居留或繁殖于山西北部、陕西北部、内蒙古、宁夏、甘肃、新疆、青海、西藏、四川，冬季越冬于黑龙江、辽宁、河北、北京、内蒙古、新疆。本地常见，旅鸟。

角百灵（雄鸟）/ 黄进　摄

角百灵（雌鸟）/ 聂延秋　摄

崖沙燕／陈学古　摄

145 崖沙燕
雀形目 PASSERIFORMES
燕　科 Hirundinidae

学名／*Riparia riparia*　英文名／Sand Martin　俗名／土燕子、灰燕子、穴沙燕

　　形态特征：全长约 13cm。虹膜深褐色；喙短而宽扁，基部宽大，呈倒三角形，黑色；跗蹠和趾短而细弱，灰褐色，趾三前一后。上体灰褐色，喉部、下体及尾下覆羽白色，在胸部有一宽的灰褐色横带。翅狭长而尖，尾略分叉。

　　习性及分布：栖息于河流、湖泊等地的泥沙滩上，常与家燕、金腰燕等混群，善于空中捕捉飞虫。繁殖期 5～7 月，在土岸上凿洞，洞系复杂，有利用旧巢的习性。每巢产卵 3～5 枚。国内为夏候鸟和旅鸟，繁殖于东北地区、内蒙古东北部、新疆、青海、四川，迁徙时途经华北、华东、华南地区。本地为优势种，夏候鸟。

崖沙燕／黄进　摄

崖沙燕／徐文潮　摄

148 家燕

雀形目 PASSERIFORMES
燕 科 Hirundinidae

学名 / *Hirundo rustica*　英文名 / Barn Swallow　俗名 / 燕子

家燕 / 陈学古　摄

形态特征：全长约20cm。虹膜暗褐色，嘴黑褐色，跗蹠和趾黑色。翅及尾羽均黑色，背部钢蓝色，额、喉及上胸栗色，后胸有不完整的黑色胸带，胸带中央多杂以栗色，下体白色或近白色；尾甚长，为大叉状，除中央一对尾羽外，其他各羽近端处有白斑，尾羽展开时，白斑连成"V"形。

习性及分布：栖息于村落附近。主要以昆虫为食。繁殖期4~7月，每窝产卵4~5枚，巢多置于人类房舍内外墙壁上、屋檐下或横梁上。国内分布广泛，见于各地。本地为优势种，夏候鸟。

家燕 / 聂延秋　摄

家燕 / 苗春林　摄

147 白鹡鸰

雀形目 PASSERIFORMES
鹡鸰科 Motacillidae

学名 / *Motacilla alba*   英文名 / White Wagtail   俗名 / 车喝子鸟、点水雀

形态特征：全长约 18cm。虹膜褐色，嘴、跗蹠和趾黑色。体黑白两色。雄鸟额、头顶前部、头侧、颈侧、喉颏部白色，头后侧、背、肩部及腰部黑色，尾羽黑色，最外侧两对为白色；胸部具黑色横斑，下体余部为白色。雌鸟似雄鸟，但色较暗。

习性及分布：主要栖息于河流、湖泊、水库、水塘等水域，常成对或呈 3 ~ 5 只的小群活动，以昆虫为食。繁殖期 3 ~ 7 月，通常营巢于水域附近岩洞、岩壁缝隙、河边土坝、田边石隙以及河岸灌丛与草丛中，每窝产卵 4 ~ 5 枚。国内繁殖于甘肃西北部、新疆、黑龙江、内蒙古东北部，越冬于西南、华东地区及福建、广东沿海一带。本地常见，夏候鸟。

白鹡鸰 / 苗春林　摄

白鹡鸰 / 苗春林　摄

黄头鹡鸰 / 聂延秋　摄

148 黄头鹡鸰

雀形目 PASSERIFORMES
鹡鸰科 Motacillidae

学名 / *Motacilla citreola*　英文名 / *Citrine Wagtail*　俗名 / 黄旦

　　形态特征： 全长约 18cm。虹膜深褐色，嘴黑色，跗蹠和趾黑褐色。雄鸟头及下体亮黄色，上体颈背黑色，体背、腰灰色，翼缘白色，具两道翼斑。雌鸟脸及下体黄色，并有灰色耳羽，上体橄榄绿色。

　　习性及分布： 栖息于河流、水田及庄稼地；常成对或成小群活动，晚上多成群栖息，偶尔也和其他鹡鸰栖息在一起；常沿水边小跑追捕食物，栖息时尾常上下摆动。主要以昆虫为食，偶尔也吃少量植物性食物。繁殖期 5～7 月，通常营巢于土丘下面地上或草丛中，每窝产卵 4～5 枚。国内繁殖于东北地区、河北、北京、山东、河南、山西、陕西、内蒙古、宁夏、甘肃、新疆、西藏、青海、云南东部和南部、四川、贵州，越冬于湖北、安徽、江苏、上海、福建、广东、香港、四川、贵州、青海、云南等地，迁徙时途经我国大部分地区。本地常见，夏候鸟。

黄头鹡鸰 / 苗春林　摄

黄头鹡鸰 / 聂延秋　摄

149 黄鹡鸰

雀形目 PASSERIFORMES
鹡鸰科 Motacillidae

学名 / *Motacilla flava*　　英文名 / Yellow Wagtail　　俗名 / 黄颤儿、水黄旦

形态特征：全长约 19cm。虹膜褐色，嘴、跗蹠和趾黑色。腰与体背颜色一致，上体橄榄绿色或橄榄褐色；下体鲜黄色。眉纹白色，头部和背部深灰色。尾上覆羽黄色，尾羽褐色。两翼黑褐色，有一道白色翼斑。雌雄相似。

习性及分布：栖息于水边及芦苇沼泽地。多成对或成 3 ～ 5 只的小群，以昆虫为食，食物种类主要有鞘翅目和鳞翅目昆虫等。繁殖期 5 ～ 7 月，通常营巢于河边岩坡草丛，每窝产卵 5 ～ 6 枚。国内繁殖于新疆、东北地区、内蒙古、宁夏、甘肃等地，越冬于福建及广东沿海地区、海南及台湾，迁徙时在我国大部分地区可见。本地常见，夏候鸟。

黄鹡鸰 / 聂延秋　摄

黄鹡鸰 / 陈学古　摄

150 灰鹡鸰

雀形目 PASSERIFORMES
鹡鸰科 Motacillidae

学名 / *Motacilla cinerea*　**英文名** / Gray Wagtail　**俗名** / 黄零、水黄旦

　　形态特征：全长约 19cm。虹膜褐色，嘴褐色，跗蹠和趾褐至黑色。头部和背部深灰色。尾上覆羽黄色，中央尾羽褐色，最外侧 1 对尾羽黑褐色具大型白斑。眉纹白色。喉、颏部黑色，冬季为白色。两翼黑褐色，有 1 道白色翼斑。

　　习性及分布：栖息于沼泽、农田或公园等地，常单独或成对活动，以昆虫为食。繁殖期 5～7 月，每窝产卵 4～6 枚。国内分布广泛，见于各地。本地少见，旅鸟。

灰鹡鸰 / 聂延秋　摄

灰鹡鸰 / 黄进　摄

灰鹡鸰 / 聂延秋　摄

田鹨 / 聂延秋 摄

151 田鹨

雀形目 PASSERIFORMES
鹡鸰科 Motacillidae

学名 / *Anthus richardi*　英文名 / Richard's Pipit　俗名 / 理氏鹨

　　形态特征: 全长约18cm。虹膜褐色; 上嘴褐色,下嘴色淡;跗蹠和趾粉红色而长;后爪肉色,甚长。眉纹皮黄色;上体棕黄色且具纵纹,下体、胸、胁棕黄色,胸具黑色纵纹。雌雄同色。

　　习性及分布: 栖息于开阔的地方,飞行时呈波浪状;常单独或成对活动,迁徙季节亦成群;有时也和云雀混杂在一起在地上觅食,以昆虫为食。繁殖期5～7月,每窝产卵4～6枚。国内分布广泛,除西藏、台湾外,见于各地。本地少见,旅鸟。

田鹨 / 聂延秋 摄

152 布氏鹨

雀形目 PASSERIFORMES
鹡鸰科 Motacillidae

学名 / *Anthus godlewskii*　英文名 / Blyth's Pipit

布氏鹨 / 苗春林　摄

　　形态特征：全长约 18cm。虹膜暗褐色；嘴暗褐色，嘴基和下嘴色淡；跗蹠和趾淡褐色，爪褐色。甚似田鹨。尾、腿及后爪较短，嘴较短而尖利。上体纵纹多，下体常为单一的皮黄色；中覆羽羽端较宽形成较清晰的翼斑。与田鹨叫声不同。雌雄同色。

　　习性及分布：栖息于旷野、河、湖、岸边及干旱平原，主要以昆虫为食。繁殖期从 5 月开始，通常营巢于河边或湖畔草地上，每窝产卵 4 ~ 6 枚。国内繁殖于内蒙古东北部、宁夏北部、西藏、青海，迁徙时途经辽宁南部、河北、北京、天津、山西、甘肃、新疆南部、云南南部、四川、贵州，偶见于台湾。本地常见，夏候鸟。

布氏鹨 / 聂延秋　摄

布氏鹨 / 聂延秋　摄

树鹨 / 聂延秋 摄

153 树鹨
雀形目 PASSERIFORMES
鹡鸰科 Motacillidae

学名 / *Anthus hodgsoni*　英文名 / Olive-backed Pipit　俗名 / 木鹨、麦鹨子

形态特征：全长约15cm。虹膜红褐色；上嘴黑色，下嘴肉黄色；跗蹠和趾肉色或褐色。上体橄榄绿色且具纵纹，头顶具细密的黑褐色羽干纹。白色眉纹显著，脸侧具白色点斑。颏部白色，喉部皮黄色，黑色髭纹明显。胸部及两胁皮黄色，有暗褐色纵纹，腹部白色。雌雄同色。

习性及分布：栖息于森林灌丛中及其附近的草地。飞行时呈波浪状，站立时尾羽上下摆动。主要以昆虫为食。繁殖期6～7月，通常营巢于林缘、林间路边，每窝产卵4～6枚。国内分布广泛、见于各地。本地少见，旅鸟。

树鹨 / 王中强 摄

154 水鹨

雀形目 PASSERIFORMES
鹡鸰科 Motacillidae

学名 / *Anthus spinoletta* 英文名 / Water Pipit 俗名 / 冰鸟、水鸡儿

形态特征：全长约 16cm。虹膜褐色；嘴略黑，冬季粉红色；跗蹠和趾黑色，冬季粉红色。上体灰褐色，具浅黑褐色羽干纹。夏羽下体橙黄色，胸部颜色较深，在胸部及两胁有不明显的暗褐色纵纹，两翼暗褐色，具有两道白色翅斑，尾羽暗褐色。冬羽眉纹皮黄色，上体背灰色且具黑色粗纵纹，胸及两胁具浓密黑色点斑或纵纹。雌雄同色。

习性及分布：栖息于湿地、草地、农田等，以昆虫为食，兼食一些植物性种子。繁殖于 4～7 月，通常营巢于林缘及林间空地，河边或湖畔草地上，每窝产卵 4～5 枚。国内终身居留河北、北京、河南、山东、山西、陕西、宁夏、甘肃东南部、青海、新疆，越冬于四川、湖南、湖北、云南西北部、安徽、江西、江苏、上海、福建、台湾等地，迁徙时途经辽宁及华北地区。本地常见，旅鸟。

水鹨 / 苗春林 摄

水鹨 / 聂延秋 摄

水鹨 / 聂延秋 摄

155 白头鹎

雀形目 PASSERIFORMES
鹎　科 Pycnonotidae

学名／*Pycnonotus sinensis*　英文名／Light-vented Bulbul　俗名／白头鹎

形态特征：全长约18cm。虹膜褐色，嘴近黑色，跗蹠和趾黑色。上体橄榄色，具黄绿色羽缘。头部黑色，耳羽后有一明显的白斑，两眼至枕部白色形成枕环。颏、喉部白色，下体乌白色，具黄绿色纵纹，胸部缀以不明显的褐色胸带。

习性及分布：栖息于灌丛、草地、有零星树木的疏林荒坡等，杂食性。繁殖期4～8月，营巢于灌木或阔叶树上，每窝产卵3～5枚。国内终年居留或繁殖于华北、华东、华南、华中地区及云南东北部、四川、重庆、贵州、陕西南部、甘肃东南部、青海、辽宁，越冬于福建、广东沿海地区及海南。本地偶见，迷鸟。

白头鹎／聂延秋　摄

158 太平鸟

雀形目 PASSERIFORMES
太平鸟科 Bombycillidae

学名 / *Bombycilla garrulus*　英文名 / Bohemian Waxwing　俗名 / 十二黄

形态特征：全长约 18cm。虹膜、嘴、跗蹠和趾均为褐色。大体粉褐色，具冠羽。头、后颈、颊部红褐色，黑色贯眼纹延伸至冠羽，背部褐色，尾羽有黄色的端斑和黑色的次端斑，两翼黑色且具两个白色斑及黄色翼线，颏、喉部黑色，尾下覆羽红色。

习性及分布：主要栖息于针叶林或针叶阔叶林，有时甚至出现在果园、城市公园等人类居住环境的树上。在繁殖期主要以昆虫为食，秋后则以浆果为主食。繁殖期 5～7 月，每窝产卵 4～7 枚。国内为冬候鸟和旅鸟，越冬于东北、华北、华东地区及除宁夏以外的西北地区、内蒙古、河南、四川、湖北东部。本地常见，冬候鸟。

太平鸟 / 陈学古 摄

太平鸟 / 聂延秋 摄

太平鸟 / 虞炜 摄

157 小太平鸟

雀形目 PASSERIFORMES
太平鸟科 Bombycillidae

学名 / *Bombycilla japonica*　英文名 / Japanese Waxwing　俗名 / 十二红

形态特征：全长约 16cm。虹膜暗红色；嘴褐色，基部蓝灰色；跗蹠和趾黑色。大体粉褐色，头、后颈、颊部红褐色，有长冠羽和黑色贯眼纹；尾羽有红色的端斑和黑色的次端斑，两翼黑色，羽尖绯红色，有白色端斑。颏、喉部黑色，尾下覆羽红色。雌雄相似。

习性及分布：栖息于针叶林或针阔叶混交林，集大群迁徙，繁殖期食昆虫，秋后以植物的果实和种子为食。每年 6 月开始繁殖，每窝产卵 4～6 枚。国内繁殖于黑龙江东北部、辽宁、吉林，越冬于华北、华东、华中、华南地区以及西南的大部分地区。本地少见，冬候鸟。

小太平鸟 / 聂延秋　摄

158 荒漠伯劳

雀形目 PASSERIFORMES
伯劳科 Laniidae

学名 / *Lanius isabellinus*　英文名 / Rufous-tailed Shrike　俗名 / 棕尾伯劳、灰黄伯劳

　　形态特征：全长约18cm。虹膜褐色，嘴、跗蹠和趾黑色。雄鸟头顶、后颈和上体沙褐色，前额略淡，贯眼纹黑褐色，尾羽红棕色，两翼暗褐色，有一不大明显白色翼斑；下体白色，沾淡沙褐色。雌鸟较雄鸟羽色淡，颈和胸部有不明显的褐色鳞纹。

　　习性及分布：栖息于荒漠疏林地区、林缘和村落附近，以昆虫为食。6月初筑巢产卵，每窝产卵4～5枚。国内繁殖于宁夏、甘肃、新疆、青海、黑龙江北部及内蒙古东部。本地少见，夏候鸟。

荒漠伯劳（雌鸟）/ 聂延秋　摄

荒漠伯劳 / 苗春林　摄

荒漠伯劳（雄鸟）/ 聂延秋　摄

159 红尾伯劳

雀形目 PASSERIFORMES
伯劳科 Laniidae

学名 / *Lanius cristatus*　　**英文名** / Brown Shrike　　**俗名** / 大头蛮子、花虎伯劳

　　形态特征：全长约20cm。虹膜暗褐色，嘴黑色，跗蹠和趾铅灰色。雄鸟头顶、后颈和上体沙褐色；尾楔形，红褐色；前额发白，显著黑色贯眼纹延至额基，两翼褐色，颏喉部白色；下体余部棕白色，沾淡沙褐色。雌鸟较雄鸟羽色淡，但颈、胸、胁部有不明显的褐色鳞纹，腹中央为白色。

　　习性及分布：栖息于平原、丘陵和低山地带林缘和村落附近，主要以昆虫等动物性食物为食。繁殖期5～7月，每窝产卵4～7枚。国内分布广泛，除西藏外，见于各地。本地常见，夏候鸟。

红尾伯劳 / 杜宇　摄

红尾伯劳（雄鸟）/ 陈学古　摄

红尾伯劳（雌鸟）/ 聂延秋　摄

180 楔尾伯劳

雀形目 PASSERIFORMES
伯劳科 Laniidae

学名 / *Lanius sphenocercus*　　**英文名** / Chinese Gray Shrike　　**俗名** / 长尾灰伯劳、虎伯拉子

　　形态特征：全长约 30cm。虹膜暗褐色，嘴、跗蹠和趾、爪黑褐色。上体羽灰色，翼黑色且具 2 个白色带斑；下体羽白色，尾黑色而外缘白色，呈楔形。

　　习性及分布：栖息于平原地区、林缘树上，以昆虫或小型脊椎动物为食。繁殖期 5 ~ 7 月，每窝产卵 5 ~ 6 枚。国内繁殖于内蒙古、黑龙江、吉林、宁夏、山西、陕西、甘肃、青海、西藏东北部、四川北部及西部，越冬于我国华东地区及福建、广东沿海一带。本地常见，留鸟。

黑卷尾 / 聂延秋　摄

161 黑卷尾

雀形目 PASSERIFORMES
卷尾科 Dicruridae

学名 / *Dicrurus macrocercus*　英文名 / Black Drongo

　　形态特征：全长约27cm。虹膜棕红色，嘴、跗蹠和趾暗黑色。全身体羽黑色，并具蓝绿色光泽；尾羽叉状，最外侧尾羽末端微卷曲。

　　习性及分布：栖息于低山、平原、村庄周围，为树栖鸟类；黎明时连续鸣叫，鸣声似嘹亮的金属声音；主要以昆虫为食。繁殖期4～7月，在阔叶树上营巢，每窝产卵3～4枚，雌雄轮流孵卵。国内分布广泛，除新疆、青海外，见于各地，多为夏候鸟，少数地区为留鸟。本地偶见，迷鸟。

黑卷尾 / 聂延秋　摄

182 八哥
雀形目 PASSERIFORMES
椋鸟科 Sturnidae

学名 / *Acridotheres cristatellus*　英文名 / Grested Myna　俗名 / 了哥、凤头八哥

　　形态特征：全长约 26cm。虹膜橙黄色，嘴乳黄色，跗蹠和趾黄色。全身黑色，上嘴基部的羽簇明显。飞起时翼上有明显的"八"字状大型白斑。尾羽末端白色，尾下覆羽有黑白相间的横纹。

　　习性及分布：栖息于树林、公园、村落附近，以植物果实、种子及昆虫为食。繁殖期 4 ～ 8 月，每窝产卵 4 ～ 5 枚。国内终年居留于华南地区、除安徽以外的华东地区、除西藏以外的西南地区、湖北、湖南、河南南部、陕西南部、甘肃南部以及北京。本地少见，留鸟。

八哥 / 亦诺　摄

八哥 / 聂延秋　摄

185

北椋鸟 / 聂延秋 摄

183 北椋鸟

雀形目 PASSERIFORMES
椋鸟科 Sturnidae

学名 / *Sturnia sturnina*　英文名 / Daurian Starling　俗名 / 燕八哥

　　形态特征： 全长约 18cm。虹膜暗褐色；嘴黑色；跗蹠和趾铅绿色，爪黑色。雄鸟上体紫黑色且有金属光泽，头颈部及下体灰色，后枕部有紫色斑块，尾上覆羽淡棕色，两翼及尾羽黑色，翼具白色翼斑。雌鸟似雄鸟，但羽色较淡，无金属光泽。

　　习性及分布： 栖息于阔叶林或田野内，以植物果实、种子及昆虫为食。繁殖期 6～7 月，每窝产卵 4～6 枚。国内分布广泛，除西藏、新疆、青海外，见于各地。本地少见，旅鸟。

北椋鸟 / 聂延秋 摄

186

184 灰椋鸟

雀形目 PASSERIFORMES
椋鸟科 Sturnidae

学名 / *Sturnus cineraceus*　英文名 / White-cheeked Starling　俗名 / 高粱头、哈拉燕

灰椋鸟 / 陈学古　摄

形态特征：全长约24cm。虹膜褐色；嘴黄色，尖端黑色；跗蹠和趾橙红色。雄鸟上体灰褐色，头部、颈部和上胸黑色，脸侧参杂白色纵纹，尾上覆羽白色；下体灰白色，两翼黑褐色，有白色翼斑，尾黑褐色，有白色端斑。雌鸟近似雄鸟，头部、颈部和上胸均为灰色。

习性及分布：栖息于平原、山区的稀树地带、城区周围及农田。以昆虫、城市垃圾、植物浆果为食。休息时多栖于电线上和树木枯枝上。繁殖期5～7月，每窝产卵5～7枚。国内分布广泛，除西藏外，见于各地。本地常见，夏候鸟。

灰椋鸟 / 陈学古　摄

灰椋鸟 / 董俊鲜　摄

165 紫翅椋鸟

雀形目 PASSERIFORMES
椋鸟科 Sturnidae

学名 / *Sturnus vulgaris*　英文名 / Common Starling

形态特征：全长约20cm。虹膜暗褐色；嘴夏季黄色，冬季铅黑色；跗蹠和趾红色。通体黑色，具有紫色、绿色光泽，上体有近白色点状斑，翼、尾羽不具金属光泽，且羽缘淡色。

习性及分布：常见于中国西部的农耕地、城镇周围及荒漠边缘。以昆虫、果实、种子为食。繁殖期5～6月，每窝产卵4～5枚。国内繁殖于内蒙古西部、宁夏、甘肃西部及新疆，迁徙时途经华北地区、黑龙江、辽宁、山东、西藏北部和西南部，偶见于华东及福建、广东沿海一带。本地常见，旅鸟。

紫翅椋鸟 / 聂延秋　摄

紫翅椋鸟 / 徐文潮　摄

紫翅椋鸟（夏羽）/ 苗春林　摄

喜鹊 / 陈学古 摄

188 喜鹊

雀形目 PASSERIFORMES
鸦　科 Corvidae

学名 / *Pica pica*　英文名 / Common Magpie　俗名 / 鹊、客鹊

　　形态特征：全长约 45cm。虹膜黑褐色，嘴、跗蹠、趾、爪黑色。除肩部和腹部白色外，其余体羽黑色；翼及尾黑色，并具蓝色辉光，尾甚长。

　　习性及分布：栖息于多种环境中，特别是人类居住区周围，食性广泛。繁殖期 3 ~ 5 月，每窝产卵 5 ~ 8 枚。国内分布广泛，终年居留于各地。本地为优势种，留鸟。

喜鹊 / 李振银　摄

187 红嘴山鸦
雀形目 PASSERIFORMES
鸦 科 Corvidae

学名 / *Pyrrhocorax pyrrhocorax*　英文名 / Red-billed Chough　俗名 / 红嘴乌鸦、山老鸦

形态特征：全长约 43cm。虹膜褐色或暗褐色；嘴红色，长而微下弯；跗蹠和趾红色。全体黑色，有蓝紫色光泽。

习性及分布：栖息于山地裸岩地带，也常到平原活动，以蔷薇科果实、杂草种子、野生植物的嫩芽和种子及昆虫为食。繁殖期 3～7 月，在山崖裂缝处筑巢，每窝产卵 2～7 枚。国内终年居留于辽宁、河北、北京、山东、河南、山西、陕西、内蒙古、宁夏、甘肃、新疆东部及北部、西藏、青海、云南西北部、四川，在新疆西部为夏候鸟。本地少见，旅鸟。

红嘴山鸦 / 王中强　摄

红嘴山鸦 / 陈学古　摄

红嘴山鸦 / 聂延秋　摄

达乌里寒鸦 / 陈学古 摄

188 达乌里寒鸦

雀形目 PASSERIFORMES
鸦 科 Corvidae

学名 / *Corvus dauuricus* 英文名 / Daurian Jackdaw　俗名 / 小山老鸹、慈鸟、燕鸟、孝鸟

形态特征： 全长约 32cm。虹膜黑褐色；嘴形短，黑色；跗蹠和趾黑色。后颈、胸及腹部白色，余部黑色且具金属光泽，仅后颈有一宽阔的白色颈圈向两侧延伸至胸和腹部。

习性及分布： 栖息于山地、平原、农田、旷野等各类生境中，以昆虫和农作物为食，也吃腐肉、动物尸体等其他食物。繁殖期 5 ~ 7 月，筑巢于黄土沟壑的崖壁、土洞和裂缝中，或在高大建筑的屋檐下，每巢产卵 3 ~ 6 枚。国内分布广泛，除海南外，见于各地。本地常见，留鸟。

达乌里寒鸦 / 聂延秋 摄

达乌里寒鸦 / 王中强 摄

191

189 秃鼻乌鸦

雀形目 PASSERIFORMES
鸦 科 Corvidae

学名 / *Corvus frugilegus*　**英文名 /** Rook　**俗名 /** 山乌、老鸹、山老鸹

秃鼻乌鸦 / 聂延秋　摄

　　形态特征：全长约 45cm。虹膜深褐色，嘴、跗蹠和趾黑色。通体黑色，上体具紫、绿色光泽。额弓高凸，嘴形长直、尖细，嘴基部裸露皮肤灰白色。雌雄相似。

　　习性及分布：栖息于平原、丘陵、低山地形的耕作区，以谷物、植物种子、昆虫为食。繁殖期 3 ~ 7 月，于树上营巢，每窝产卵 3 ~ 5 枚。国内分布广泛，除香港、澳门外，见于各地。本地常见，旅鸟。

秃鼻乌鸦 / 聂延秋　摄

小嘴乌鸦 / 王中强 摄

170 小嘴乌鸦

雀形目 PASSERIFORMES
鸦 科 Corvidae

学名 / *Corvus corone*　**英文名** / Carrion Crow　**俗名** / 细嘴乌鸦、老鸦

　　形态特征：全长约48cm。虹膜黑褐色，嘴、跗蹠和趾黑色。全身黑色并有金属光泽。与秃鼻乌鸦的区别在嘴基部被黑色羽，与大嘴乌鸦的区别在于额弓较低，嘴虽强劲但形显细小。

　　习性及分布：栖息于低山、平原及村落附近，常与其他鸦类混群，在矮草地及农田取食种子、浆果、昆虫及动物尸体。繁殖期3～6月，在高大树木或悬崖上筑巢，每窝产卵3～6枚。国内广泛分布于除江苏、安徽、山东、广西、贵州、西藏、澳门、重庆以外的各地。多为留鸟，在福建、广东沿海地区及海南为冬候鸟。本地常见，旅鸟。

小嘴乌鸦 / 聂延秋 摄

171 大嘴乌鸦

雀形目 PASSERIFORMES
鸦 科 Corvidae

学名 / *Corvus macrorhynchos*　英文名 / Large-billed Crow　俗名 / 乌鸦、老鸹

形态特征：全长约50cm。虹膜褐色，嘴、跗蹠和趾黑色。全身羽毛纯黑色，背、翼及尾带蓝绿金属光泽。嘴形粗大，上嘴与额几乎成直角，嘴峰弯曲，嘴基有长羽，伸至鼻孔处。尾长，呈楔状。后颈羽毛柔软松散如发状，羽干不明显。雌雄相似。

习性及分布：栖息于平原、山地的农田、村庄，以昆虫、鼠类为食。繁殖期5～6月，在高大乔木上营巢，每窝产卵3～5枚。国内分布广泛，终年居留于各地。本地常见，旅鸟。

大嘴乌鸦 / 聂延秋　摄

大嘴乌鸦 / 聂延秋　摄

172 棕眉山岩鹨

雀形目 PASSERIFORMES
岩鹨科 Prunellidae

学名 / *Prunella montanella*　英文名 / Siberian Accentor　俗名 / 铃当眉子

形态特征：全长约 15cm。虹膜黄色；嘴角质色；跗蹠和趾淡黄褐色，爪栗褐色。体背褐色，具深褐色纵纹，头顶及头侧近黑色；宽大的眉纹、头部及喉淡棕黄色。腹部黄褐色，两胁具褐色斑点，胸中部黑色羽基外露，呈鳞状斑。雌雄相似。

习性及分布：栖息于平原至高山地带，以植物种子和昆虫为食。繁殖期 5～7 月，营巢于树上，每窝产卵 3～5 枚。国内越冬于华北、西北地区及辽宁、河南、山东、内蒙古，迁徙时途经东北地区、内蒙古东部地区。本地常见，冬候鸟。

173 褐岩鹨

雀形目 PASSERIFORMES
岩鹨科 Prunellidae

学名 / *Prunella fulvescens*　英文名 / Brown Accentor

褐岩鹨/陈学古 摄

形态特征：全长约 16cm。虹膜黄色；嘴黑色；跗蹠和趾黄褐色，爪黑色。体背浅褐色，头顶、眼先及耳羽暗褐色，眉纹及喉白色。背肩部羽具栗褐色纵纹，腹面皮黄色沾粉色，体侧无斑点。雌雄同色。

习性及分布：栖息于山地裸岩及灌丛地带，以甲虫、蚂蚁、蜗牛等动物为食。繁殖期 5～7 月，每窝产卵 4～5 枚。国内终年居留或繁殖于西藏、新疆西部及中部和东部、内蒙古、宁夏、甘肃、青海、四川西部，越冬于新疆北部。本地少见，冬候鸟。

褐岩鹨/聂延秋 摄

174 红喉歌鸲

雀形目 PASSERIFORMES
鸫 科 Turdidae

学名 / *Luscinia calliope*　英文名 / Siberian Rubythroat　俗名 / 红点颏

　　形态特征：全长约 16cm。虹膜褐色，嘴黑褐色，跗蹠和趾黄褐色。雄鸟体背、尾褐色，眼先黑色，眉纹及颊纹白色，喉红色，胸腹部灰褐色。雌鸟喉部白色，其余羽色较雄鸟淡。

　　习性及分布：栖息于距水不远的灌丛中，以地面昆虫为食。繁殖期 5～7 月，筑巢于地面草丛间，每窝产卵 1～5 枚。国内分布广泛，除西藏外，见于各地。本地少见，旅鸟。

红喉歌鸲（雌鸟）/ 聂延秋　摄

红喉歌鸲（雄鸟）/ 聂延秋　摄

蓝喉歌鸲 / 聂延秋　摄

175 蓝喉歌鸲

雀形目 PASSERIFORMES
鸫　科 Turdidae

学名 / *Luscinia svecica*　英文名 / Bluethroat　俗名 / 蓝点颏

　　形态特征：全长约 15cm。虹膜暗褐色，嘴黑色，跗蹠和趾暗褐色。雄鸟背羽橄榄色，尾基栗红色，端黑色；眉纹白色，颏、喉及上胸蓝色，喉中央有一圆形栗色斑，上胸与下胸间有黑、白、栗色形成的胸环，下体余部白色。雌鸟颏、喉棕白色，羽色较淡。

　　习性及分布：栖息于近水的灌丛或芦苇丛中，以地面昆虫为食。繁殖期 5～7 月，营巢于灌丛、草丛中的地面上，每窝产卵 4～7 枚。国内分布广泛，除海南外，见于各地。本地少见，旅鸟。

蓝喉歌鸲（雄鸟）/ 陈学古　摄

蓝喉歌鸲（雌鸟）/ 聂延秋　摄

178 蓝歌鸲
雀形目 PASSERIFORMES
鸫　科 Turdidae

学名 / *Luscinia cyane*　英文名 / Siberian Blue Robin　俗名 / 蓝背

　　形态特征：全长约 14cm。虹膜暗褐色；嘴黑色，雌鸟下嘴基部肉褐色；跗蹠和趾肉色。雄鸟上体深蓝色，下体白色，眼先黑色，黑色线由颊纹延伸至胸侧。雌鸟上体橄榄褐色，腰及尾上覆羽深蓝色，下体白色，喉及胸部褐色并具皮黄色鳞状斑纹。

　　习性及分布：栖息于茂密的灌丛中，以昆虫、浆果、草籽为食。繁殖期 5 ～ 6 月，每窝产卵 5 ～ 6 枚。国内分布广泛，除新疆、青海外，见于各地。本地少见、旅鸟。

蓝歌鸲（雌鸟）/ 罗永川　摄

蓝歌鸲（雄鸟）/ 亦诺　摄

红胁蓝尾鸲（雄鸟）／陈学古 摄

177 红胁蓝尾鸲

雀形目 PASSERIFORMES
鸫 科 Turdidae

学名 / *Tarsiger cyanurus*　英文名 / Red-flanked Bush Robin　俗名 / 蓝点冈儿、蓝尾巴根子

形态特征：全长约 14cm。虹膜褐色或暗褐色，嘴黑色，跗蹠和趾淡红褐色或淡紫褐色。雄鸟体背至尾翠蓝色，眉纹、颏、喉至尾下覆羽白色，两胁橙黄色。雌鸟上体褐色，尾上覆羽及尾羽灰蓝色，下体白色，两胁橙黄色。

习性及分布：栖息于低山丘陵和山脚平原地带的次生林、道旁灌丛中，繁殖期间以昆虫及其幼虫为食，迁徙期间除吃昆虫外，也吃少量植物果实与种子等植物性食物。繁殖期 5～7 月，营巢于海拔 1000m 以上比较茂密的暗针叶林和岳桦林中，每窝产卵 5～7 枚。国内分布广泛，见于各地。本地少见，旅鸟。

红胁蓝尾鸲（雌鸟）／陈学古 摄

178 赭红尾鸲

雀形目 PASSERIFORMES
鸫 科 Turdidae

学名 / *Phoenicurus ochruros*　英文名 / Black Redstart

　　形态特征：全长约 15cm。虹膜暗褐色，嘴、跗蹠和趾黑色。雄鸟头、喉、上胸、背、两翼及中央尾羽黑色；头顶、枕部灰白色，下胸、腹、腰、尾下覆羽、外侧尾羽棕红色。雌鸟体灰褐色，眼圈、耳羽皮黄色，腰和尾上覆羽淡棕色，颏至胸灰褐色。

　　习性及分布：栖息于村庄、树林及农田，以昆虫为食，也吃甲壳类等其他小型无脊椎动物及植物种子、果实和草籽。繁殖期 5 ~ 7 月，通常营巢于林下灌丛或岩边洞穴中，每窝产卵 4 ~ 6 枚。国内繁殖于西藏、内蒙古、山西等地及西北和四南地区，越冬于福建、广东沿海地区及海南，迁徙时途经河北、北京及山东。本地偶见，旅鸟。

赭红尾鸲（雌鸟）/ 王中强　摄

赭红尾鸲（雄鸟）/ 王中强　摄

179 北红尾鸲

雀形目 PASSERIFORMES
鸫　科 Turdidae

学名 / *Phoenicurus auroreus*　英文名 / Daurian Redstart　俗名 / 灰顶茶鸲、红尾溜、火燕

　　形态特征：全长约 15cm。虹膜暗褐色，嘴、跗蹠和趾黑色。雄鸟眼先、头侧、喉、上背及翼黑褐色，翼上有白斑，额、头顶至后颈灰白色，身体余部红棕色，中央尾羽黑褐色。雌鸟具白色眼圈，翅灰黑色至棕灰色，具白色翼斑；上体偏褐色，腰及尾侧红色；下体白色，尾下覆羽红色。

　　习性及分布：栖息于灌丛、草地、耕地与矮树丛中，喜近水处，以昆虫、植物种子为食。繁殖期 5～7 月，营巢于树洞或石缝中，每窝产卵 6～8 枚。国内分布广泛，除新疆外，见于各地。本地常见，旅鸟。

北红尾鸲（雄鸟）／陈学古　摄

北红尾鸲（雌鸟）／陈学古　摄

180 红腹红尾鸲

雀形目 PASSERIFORMES
鸫　科 Turdidae

学名 / *Phoenicurus erythrogastrus*　英文名 / White-winged Redstart

形态特征：全长约 17cm。虹膜褐色，嘴、跗蹠、趾、爪黑色。雄鸟似北红尾鸲，但本种的体型大，头颈及颈背白略带灰色；下体、尾羽栗红色，翼上白斑甚大，余部黑色。雌鸟体褐色，腰及外侧尾羽棕色，眼先、腹部及尾下覆羽皮黄色，翼上无白斑。

习性及分布：栖息于高海拔地区，耐寒冷，有时在动物尸体上觅食昆虫。雌鸟冬季往低海拔迁移，雄鸟仍留在高海拔处，有时在雪中找食。繁殖期 6　7 月，营巢于高海拔的高山苔原地带，每窝产卵 3 ～ 5 枚。国内繁殖于内蒙古、宁夏、甘肃、新疆、西藏南部、青海，越冬于黑龙江、吉林、河北、山西、山东、陕西南部、云南西北部、四川。本地偶见，旅鸟。

红腹红尾鸲（雌鸟）/ 聂延秋　摄

红腹红尾鸲（雄鸟）/ 聂延秋　摄

181 黑喉石䳭

雀形目 PASSERIFORMES
鸫 科 Turdidae

学名 / *Saxicola torquata*　　英文名 / Common Stonechat　　俗名 / 谷尾鸟、石栖鸟

形态特征：全长约14cm。虹膜深褐色，嘴黑色，跗蹠、趾、爪近黑。雄鸟头部及喉黑色，颈侧白色，延伸至后颈形成颈圈，后颈处色稍沾棕色；内侧大、中覆羽羽端及羽缘白色，形成一条宽的白色翼带；前胸橙红色。雌鸟头顶至背部黑褐色，具白色纵纹；眉纹、颏、喉白色，颚纹黑色；前胸浅棕色，翼带似雄鸟。

习性及分布：栖息于农田、芦苇、沼泽、田间灌丛。以昆虫为食，也吃其他无脊椎动物以及少量植物果实和种子。繁殖期4～7月，筑巢于小树或灌木下、倒木树洞或土块凹陷处，每窝产卵5～8枚。国内分布广泛，终年居留或繁殖于陕西南部、宁夏、甘肃、新疆、西藏西部、青海、云南、四川、重庆、贵州、湖北西部、广西、内蒙古、东北和华北地区，越冬于华东地区及福建、广东沿海地区，迁徙时途经西藏南部及华北、华东、西南地区。本地常见，旅鸟。

黑喉石䳭（雌鸟）/ 聂延秋　摄

黑喉石䳭 / 陈学古　摄

黑喉石䳭（雄鸟）/ 陈学古　摄

182 白顶䳭

雀形目 PASSERIFORMES
䳭 科 Turdidae

学名 / *Oenanthe pleschanka*　英文名 / Pied Wheatear

　　形态特征：全长约15cm。虹膜暗褐色或红褐色，嘴、跗蹠、趾、爪黑色。雄鸟黑白两色，上体黑色，头顶、后颈、腰部和尾上覆羽白色，两翼黑色；尾羽前半部分白色，后半部分黑色，中央尾羽黑色部分最长，约占尾羽长的一半；下体白色，颏喉部黑色。雌鸟头颈部、上体和两翼均为褐色，腰部、尾上覆羽和尾羽似雄鸟，下体淡棕色。

　　习性及分布：栖息于干旱、多石块的荒漠、农田、村落中，主食昆虫。繁殖期5～7月，筑巢于地面的天然洞穴或废弃的鼠洞中，每窝产卵4～6枚，雌雄共同孵卵，雄鸟有强烈的护巢行为。

国内终年居留于辽宁西部、河北、北京、天津、河南、山西、陕西、内蒙古、宁夏、甘肃、新疆、青海、四川南部。本地少见，夏候鸟。

白顶䳭（雌鸟）/ 陈学古　摄

183 虎斑地鸫

雀形目 PASSERIFORMES
鸫 科 Turdidae

学名 / *Zoothera dauma*　英文名 / *Golden Mountain Thrush*　俗名 / 麻串儿

形态特征： 全长约 28cm。虹膜褐色，嘴深褐色，跗蹠及趾带粉色。上体黑褐色，密布黄棕色鳞状斑；下体白色，翼布满黑褐色鳞状斑，胸棕白色，向后渐变淡；翼羽黑色，羽缘黄褐色；大、中覆羽羽端棕白色，在翼上形成两条翼带。雌雄相似。

习性及分布： 栖息于茂密林下灌丛，草地、溪流两岸的树林，以昆虫和其他无脊椎动物为食，也吃少量植物果实、种子和嫩叶等植物性食物。繁殖期 5 ～ 8 月，营巢于溪流两岸的混交林和阔叶林内，每窝产卵 4 ～ 5 枚。国内分布广泛，见于各地。本地少见，旅鸟。

虎斑地鸫 / 亦诺 摄

184 赤颈鸫

雀形目 PASSERIFORMES
鸫 科 Turdidae

学名 / *Turdus ruficollis* 英文名 / Red-throated Thrush 俗名 / 青窜

赤颈鸫（雄鸟）/ 聂延秋 摄

　　形态特征：全长约25cm。虹膜褐色；嘴黄色，尖端黑色；跗蹠和趾近褐色。雄鸟上体灰褐色，眉纹、颏、喉、颊及胸部红褐色，翼灰褐色，尾黑褐色，外侧尾羽红色，下体腹灰白色。雌鸟似雄鸟，羽色稍浅，喉部有黑色纵纹。

　　习性及分布：栖息于丘陵疏林、平原灌丛中，以昆虫、草籽和浆果为食。繁殖期5～7月，营巢于林下小树的树叉上，每窝产卵4～5枚。国内繁殖于新疆，越冬于西藏东部、四川、重庆、湖北、上海、浙江，迁徙时途经黑龙江、吉林、辽宁、河北、北京、山东、山西、陕西、内蒙古、宁夏、甘肃、青海、云南。本地常见，冬候鸟。

赤颈鸫（雌鸟）/ 聂延秋 摄

赤颈鸫 / 陈学古 摄

185 黑喉鸫

雀形目 PASSERIFORMES
鸫 科 Turdidae

学名 / *Turdus atrogularis*　英文名 / Black-throated Thrush

形态特征：本种原作为赤颈鸫的黑喉亚种，2016 年郑光美主编的《中国鸟类分类与分布名录》（第二版）中提升为独立鸟种。赤颈鸫雄鸟颈部和胸部为赤红色，而黑喉鸫雄鸟为黑色。

习性及分布：栖息于丘陵疏林、平原灌丛中，成群活动，食昆虫、浆果、植物种子。繁殖期 5 ~ 7 月，筑巢于小树杈上，每窝产卵 4 ~ 5 枚。国内繁殖于新疆，越冬于西藏东部、四川、重庆、湖北，迁徙时途经河北、陕西、内蒙古、宁夏、甘肃、青海、云南西北部。本地少见，冬候鸟。

黑喉鸫（雌鸟）/ 聂延秋　摄

黑喉鸫 / 陈学古　摄

黑喉鸫（雄鸟）/ 陈学古　摄

188 红尾鸫

雀形目 PASSERIFORMES
鸫 科 Turdidae

学名 / *Turdus naumanni*　英文名 / Naumann's Thrush

　　形态特征：全长约25cm。虹膜褐色；嘴黑褐色，下嘴基部黄色；附蹠及趾淡褐色。雄鸟上体灰褐色，眉纹淡棕色，翼红棕色，尾棕红色，腹面棕白色，胸、胁具棕红色鳞状斑。雌鸟羽色、斑纹较雄鸟淡。习性与斑鸫相同，曾和斑鸫作为同一物种的不同亚种，2016年郑光美主编的《中国鸟类分类与分布名录》（第二版）中提升为独立鸟种。

　　习性及分布：栖息于丘陵地区的林缘、灌、草丛中，成小群，多在地面活动，以昆虫、种子为食。繁殖期5～8月，营巢于树干水平枝杈上、树桩或地上，每窝产卵4～7枚。国内分布广泛，除西藏、海南外，见于各地。国内无繁殖记录。本地常见，旅鸟。

红尾鸫 / 苗春林　摄

红尾鸫 / 聂延秋　摄

斑鸫 / 聂延秋 摄

187 斑鸫
雀形目 PASSERIFORMES
鸫 科 Turdidae

学名 / *Turdus eunomus*　英文名 / Dusky Thrush　俗名 / 红窜

形态特征：全长约 25cm。虹膜褐色；嘴黑褐色，下嘴基部黄色；附蹠及趾淡褐色。雄鸟头顶黑褐色，有浅色眉纹；上体暗红色，具粗纵纹；翼红棕色，尾黑褐色，腹面棕白色，胸、胁具棕红色鳞状斑。雌鸟羽色、斑纹较雄鸟淡。

习性及分布：栖息于丘陵地区的林缘及灌、草丛中，以昆虫为食。繁殖期 5～8 月，通常营巢于树干水平枝杈上，也在树桩或地上营巢，偶尔在悬崖边营巢，每窝产卵 4～7 枚。国内分布广泛，除西藏外，见于各地。国内无繁殖记录。本地常见，旅鸟。

斑鸫 / 陈学古　摄

188 乌鹟

雀形目 PASSERIFORMES
鹟　科 Muscicapidae

学名 / *Muscicapa sibirica*　英文名 / Dark-sided Flycatcher　俗名 / 鲜卑鹟、大眼嘴儿

乌鹟 / 聂延秋　摄

形态特征：全长约 13cm。虹膜暗褐色，嘴黑褐色，跗蹠和趾黑色。上体灰褐色，眼先及眼圈白色；翼上具一不明显的皮黄色横斑，翅和尾黑褐色，内侧飞羽具白色羽缘；喉白色并延伸到颈侧形成不完全的颈环；下体余部白色，两胁为烟灰色。

习性及分布：栖息于山区或山麓森林的林下植被层及林间，常停留于突出的干树枝上，飞捕空中过往的昆虫。繁殖期 5 ~ 7 月，营巢于树上，由枯草编织成杯状巢，每窝产卵 3 ~ 4 枚。国内繁殖于黑龙江、吉林西部、辽宁南部、内蒙古东部、甘肃南部、西藏东南部、青海南部、云南西部和南部以及西藏南部，越冬于福建、广东沿海及海南，迁徙时经吉林西部、辽宁南部、华北和西南地区以及内蒙古、陕西、上海、浙江。本地常见，旅鸟。

乌鹟 / 聂延秋　摄

189 北灰鹟

雀形目 PASSERIFORMES
鹟 科 Muscicapidae

学名 / *Muscicapa dauurica*　　英文名 / Asian Brown Flycatcher　　俗名 / 阔（宽）嘴鹟

形态特征：全长约 13cm。虹膜褐色；嘴黑色，下嘴基黄色；跗蹠和趾黑色。上体灰褐色，翼缘白色，翼尖延至尾的中部；眼圈、眼先、下体偏白色，胸侧及两胁苍灰色。

习性及分布：栖息于有树的多种生境中，以昆虫及其幼虫为食。繁殖期 5～7 月，每窝产卵 3～5 枚。国内繁殖于东北地区及内蒙古，越冬于福建、广东沿海地区及海南，迁徙时经华东、华北、华中、西南、西北地区及内蒙古的大部分地区。本地少见，旅鸟。

北灰鹟 / 聂延秋　摄

北灰鹟 / 王中强　摄

北灰鹟 / 聂延秋　摄

190 红喉姬鹟

雀形目 PASSERIFORMES
鹟　科 Muscicapidae

学名 / *Ficedula albicilla*　**英文名** / Taiga Flycatcher　**俗名** / 黑尾杰

　　形态特征：全长约13cm。虹膜暗褐色，嘴、跗蹠和趾黑色。雌雄均具白色眼圈。雄鸟上体灰黄褐色，尾羽黑褐色，尾羽基部白色；夏羽雄鸟喉部橙黄色，冬羽则近白色，胸以下大致灰色。雌鸟似冬季雄鸟，但胸部沾黄褐色。

　　习性及分布：栖息于针阔混交林和灌丛，常站立在枝头捕捉经过的昆虫。繁殖期5～7月，在树上或树洞中营巢，以草茎、苔藓和兽毛编织成深杯状巢，每窝产卵4～7枚。国内分布广泛，除西藏外，见于各地。本地常见，旅鸟。

红喉姬鹟（雄鸟）／陈学古　摄

红喉姬鹟（雌鸟）／陈学古　摄

213

181 山噪鹛

雀形目 PASSERIFORMES
画眉科 Timaliidae

学名 / *Garrulax davidi*　英文名 / Plain Laughingthrush　俗名 / 黑老婆

　　形态特征：全长约 29cm。虹膜灰褐色；嘴黄色，长而下弯，端部黑色；跗蹠和趾褐色。大体灰褐色，头顶羽毛缀以暗色羽缘，飞羽下体羽色略淡。

　　习性及分布：栖息于丘陵和山地斜坡上的灌丛中，以昆虫和植物的果实、种子为食。繁殖期 5～7 月，每窝产卵 3～6 枚。中国特有鸟类，终年居留于辽宁、河北、北京、天津、山东、内蒙古、甘肃西北部及东部、青海东南部及东北部、四川中部和北部、河南北部、山西、陕西、宁夏、甘肃东部。本地少见，旅鸟。

192 文须雀

雀形目 PASSERIFORMES
鸦雀科 Paradoxornithidae

学名 / *Panurus biarmicus*　英文名 / Bearded Reedling　俗名 / 龙凤鸟、龙凤雀

形态特征：全长约 16cm。虹膜淡褐色，嘴橘黄色，跗蹠和趾黑色。雄鸟头浅灰色，眼先黑色，并向下形成较宽的须状纹；上体黄褐色，翼由黑色、白色、皮黄色组成特殊的的斑纹；尾羽长，外侧尾羽末端白色；喉、胸部白色沾粉色；下胸及腹中央粉红色，两胁肉桂色，尾下腹羽黑色。雌鸟体色淡，无黑色须，喉、胸部白色，尾下腹羽白色沾黄。

习性及分布：栖息于湖泊及河流沿岸芦苇沼泽中，结群活动于芦苇丛或枝叶间。繁殖期 4～7 月，通常营巢于芦苇或灌木下，每窝产卵 5～6 枚。国内分布于黑龙江、辽宁、河北、北京、内蒙古、宁夏、甘肃、青海、新疆、上海。本地为优势种，留鸟。

文须雀（上雄下雌）/ 陈学古　摄

文须雀 / 陈学古　摄

文须雀 / 苗春林　摄

文须雀（雄鸟）/ 陈学古　摄

文须雀（雌鸟）/ 陈学古　摄

文须雀 / 陈学古　摄

文须雀 / 陈学古　摄

193 山鹛

雀形目 PASSERIFORMES
扇尾莺科 Cisticolidae

学名 / *Rhopophilus pekinensis*　英文名 / Chinese Hill Warbler　俗名 / 山莺

山鹛 / 黄进　摄

　　形态特征：全长约 17cm。虹膜暗褐色；嘴褐色，下嘴肉黄色；跗蹠和趾棕褐色。上体沙褐色，具深褐色纵纹，眉纹棕白色，过眼纹黑褐色，颏、喉、胸部白色，胸侧和腹具栗色纵纹，鼻孔不完全被羽掩盖。

　　习性及分布：栖息于山地灌丛或低矮树木间，性活泼，不擅长远距离飞翔，穿越于茂密树枝间，以昆虫和植物种子为食。繁殖期 5～7 月，营巢于灌丛树枝上，每窝产卵 4～5 枚。国内终年居留于吉林、辽宁、河北北部、北京、天津、河南西部、山东、山西南部、内蒙古、宁夏、甘肃、陕西南部、青海。本地常见，留鸟。

山鹛 / 陈学古　摄

山鹛 / 陈学古　摄

东方大苇莺 / 陈学古 摄

194 东方大苇莺

雀形目 PASSERIFORMES
莺 科 Sylviidae

学名 / *Acrocephalus orientalis*　英文名 / Oriental Reed Warbler　俗名 / 苇串儿、呱呱鸡、剖苇、麻喳喳

　　形态特征：全长约 18cm。虹膜褐色；嘴黑褐色，下嘴基部肉红色；跗蹠和趾铅灰色。雄鸟上体黄褐色，过眼纹黑褐色；下体土黄色，胸部具不明显的黑褐色纵纹，尾羽末端白色。雌鸟羽色较淡，体型稍小。

　　习性及分布：栖息于城市、平原水域附近的芦苇丛中，常站立于芦苇顶端或塘边灌丛顶端鸣叫，以蚁类、豆娘、甲虫等昆虫为食。繁殖期 5～7 月，每窝产卵 4～6 枚。国内分布广泛，除新疆外，见于各地。本地为优势种，夏候鸟。

东方大苇莺 / 陈学古　摄

东方大苇莺 / 苗春林　摄

195 厚嘴苇莺

雀形目 PASSERIFORMES
莺　科 Sylviidae

学名 / *Acrocephalus aedon*　　英文名 / Thick-billed Warbler　　俗名 / 芦串儿

形态特征：全长约 18cm。虹膜褐色或暗褐色；上嘴黑褐色，上嘴边缘和下嘴肉黄色；跗蹠和趾暗铅褐色。上体橄榄褐色或棕色，无纵纹。与其他大型苇莺的区别在于嘴略短粗，无眼线和眉纹，眼圈皮黄白色；下体污白色，两胁棕褐色。

习性及分布：栖息于河、湖、水塘岸边较暗的苇草灌丛中，取食甲虫、金龟子、蝗虫等昆虫及其幼虫。繁殖期 6～7 月，筑巢于河谷两岸较为平坦、且散生有老龄树木的草地灌丛中，每窝产卵 5～6 枚。国内繁殖于东北地区、内蒙古中部、新疆北部、云南西部和南部，迁徙时经我国大部分地区。本地偶见，夏候鸟。

厚嘴尾莺 / 王强　摄

196 褐柳莺

雀形目 PASSERIFORMES
莺 科 Sylviidae

学名 / *Phylloscopus fuscatus*　英文名 / Dusky Warbler　俗名 / 柳串儿、嘎巴嘴、达达跳

形态特征：全长约12cm。虹膜暗褐色；上嘴黑褐色，下嘴黄色，嘴尖端暗褐色；跗蹠和趾淡褐色。上体羽橄榄褐色，腹面近白沾棕色，眉纹棕白色，贯眼纹暗褐色；颏、喉白色。下体皮黄色、白色沾褐色，尤以两胁和胸较明显。

习性及分布：栖息于低矮灌丛，林缘草地，以昆虫和虫卵为食，鸣叫似"嘎叽""嘎叽"声，故俗称"嘎叽嘴"。繁殖期5～7月，营巢于林下、林缘或溪边灌丛的基部，每窝产卵4～6枚。国内广泛分布于各地。本地常见，旅鸟。

褐柳莺 / 聂延秋　摄

褐柳莺 / 聂延秋　摄

197 黄腰柳莺

雀形目 PASSERIFORMES
莺　科 Sylviidae

学名 / *Phylloscopus proregulus*　　**英文名** / Pallas's Leaf Warbler　　**俗名** / 树串儿、槐树串儿

　　形态特征：全长约 10cm。虹膜暗褐色；嘴黑褐色，下嘴基部暗黄色；跗蹠和趾淡褐色。上体橄榄绿色，顶冠纹黄色，贯眼纹黑色沾深绿色，眉纹长，前棕黄色后渐变白色；腰部具黄带，翅上具两道显著的黄绿色横斑点。下体苍白色，尾下覆羽沾黄色。

　　习性及分布：栖息于森林和林缘灌丛地带，性活泼，行动敏捷，常在树顶枝叶间跳来跳去寻觅食物，以昆虫和虫卵为食。繁殖期 5 ～ 7 月，营球形巢于树枝上，每窝产卵 3 ～ 6 枚。国内分布广泛，除西藏外，见于各地。本地常见，旅鸟。

198 黄眉柳莺

雀形目 PASSERIFORMES
莺　科 Sylviidae

学名 / *Phylloscopus inornatus*　英文名 / Yellow-browed Warbler　俗名 / 柳串儿

　　形态特征：全长约10cm。虹膜暗褐色；嘴褐色，下嘴基部黄色；跗蹠和趾褐色或淡棕褐色。上体淡橄榄绿，头顶色深而褐，中央具一道不甚明显的黄绿色冠羽，翼上有两道淡黄色的翼斑。眉纹宽阔淡黄绿色，贯眼纹暗褐色。下体白色，胸、两胁、尾下覆羽黄绿色。雌雄相似。

　　习性及分布：栖息于山地、平原地带的混交林或针叶林中，以昆虫或虫卵为食，偶食植物性食物。繁殖期5～8月，营巢于地面或树上茂密枝杈间，每窝产卵4～5枚卵。国内分布广泛，除新疆外，见于各地。本地少见，旅鸟。

黄眉柳莺 / 聂延秋　摄

黄眉柳莺 / 黄进　摄

199 极北柳莺

雀形目 PASSERIFORMES
莺　科 Sylviidae

学名 / *Phylloscopus borealis*　英文名 / Arctic Warbler　俗名 / 柳串儿、柳树叶儿

　　形态特征：全长约 12cm。虹膜深褐色；嘴较粗大，上嘴深褐，下嘴黄色；脚褐色。上体橄榄绿色，黄白色眉纹长而显眼，耳羽斑驳；翼橄榄褐色且有一条黄白色点斑带。下体黄绿色。

　　习性及分布：栖息于树林或低矮的灌丛中，以昆虫及其幼虫为食。繁殖期 6～7 月，每窝产卵 4～7 枚。国内分布广泛，除海南外，见于各地。本地常见，旅鸟。

200 白喉林莺

雀形目 PASSERIFORMES
莺 科 Sylviidae

学名 / *Sylvia curruca*　英文名 / Lesser Whitethroat　俗名 / 小白喉莺、白喉莺、沙白喉莺、树串儿

形态特征：全长约13cm。虹膜褐色，嘴黑色，跗蹠和趾深褐色。上体沙褐色，头顶灰色，肩、背及翼棕色沾灰色；前额、眼先及耳羽黑色。下体近白色，胸及两胁沾淡黄色，颏、喉部白色。

习性及分布：栖息于多草的灌丛和苇丛中，以昆虫为食，兼食一些植物性食物。繁殖期5~7月，灌丛中筑巢，每窝产卵5枚。国内迁徙季节多见于华北和西北地区、内蒙古、西藏。本地少见，旅鸟。

白喉林莺 / 王中强　摄

白喉林莺 / 聂延秋　摄

201 银喉长尾山雀

雀形目 PASSERIFORMES
长尾山雀科 Aegithalidae

学名 / *Aegithalos caudatus*　英文名 / Long-tailed Tit　俗名 / 洋红儿

形态特征：全长约14cm。虹膜褐色；嘴细小、黑色；跗蹠和趾铅黑色。尾甚长，黑色而带白边。下体淡葡萄酒红色，喉部中央具银灰色斑。

习性及分布：栖息于山地针叶林或针、阔混交林中，常见于树冠或灌丛顶部，以昆虫为食。繁殖期4～6月，多营巢于落叶松的枝杈间，每窝产卵9～10枚。国内终年居留于东北、西南至华中、华北和华中至华东地区的开阔林及林缘地带。本地少见，留鸟。

银喉长尾山雀 / 王中强　摄

202 褐头山雀

雀形目 PASSERIFORMES
山雀科 Paridae

学名 / *Parus songarus*　英文名 / Songar Tit　俗名 / 唧唧鬼子、吱吱红

形态特征：全长约 12cm。虹膜褐色或暗褐色，嘴略黑，跗蹠和趾铅灰色。上体褐灰色，头顶至后枕黑褐色；脸颊、耳羽和颈侧白色，在头侧形成一大块白斑；喉黑褐色。下体乌白色，胸及两胁皮黄色。

习性及分布：栖息于海拔 800 ~ 4000m 的湿润的山地针叶林中，多结小群活动，以昆虫为食。繁殖期 4 ~ 8 月，营巢于树洞中，每窝产卵 4 ~ 6 枚。国内为留鸟，分布于河北北部、北京、河南、山西南部、内蒙古东部、宁夏北部、甘肃西北和西南部、青海东部及南部、西藏东南部、云南西北部及四川。本地少见，留鸟。

褐头山雀 / 陈学古　摄

褐头山雀 / 陈学古　摄

203 大山雀

雀形目 PASSERIFORMES
山雀科 Paridae

学名 / *Parus major*　英文名 / Great Tit　俗名 / 灰山雀、吱吱黑、山嗞嗞黑、白脸山雀

　　形态特征：全长约 14cm。虹膜褐色，嘴黑色，跗蹠和趾暗褐色。头黑色，两侧各具一大型白斑。上体灰色沾绿色，下体白色，中央贯以醒目的黑色纵纹。

　　习性及分布：栖息于山区针、阔叶林间，以昆虫为食。繁殖期 4～8 月，营巢于天然树洞中，每窝产卵 6～9 枚。国内分布广泛，终年居留于内蒙古各地山区及东北、华北、西北、西南、华中、华南各地区。本地少见，留鸟。

204 普通鸦

雀形目 PASSERIFORMES
鸦 科 Sittidae

学名 / *Sitta europaea*　英文名 / Eurasian Nuthatch　俗名 / 蓝大胆、穿树皮

　　形态特征：全长约 13cm。虹膜暗褐色或褐色；上嘴灰蓝色，先端黑色，下嘴基部角灰色，端部灰褐色；跗蹠和趾肉褐色。上体自头顶部至尾上覆羽均呈浅石板蓝色，贯眼纹黑色，尾羽石板蓝色，具白斑，两翅黑褐色，具淡色羽缘。下体白色或淡棕色，尾下覆羽白色，具栗色羽缘。

　　习性及分布：栖息于海拔 800～1800m 的针叶林、针阔混交林、阔叶林中，以昆虫及其幼虫、植物种子、果实为食。繁殖期 4～6 月，营巢于溪流沿岸或潮湿开阔且有老龄树的混交林的树洞中，每窝产卵 6～12 枚。国内分布广泛，终年居留于河北、北京、河南、山东、山西、四川、广西等大部分地区的落叶林区。本地偶见，旅鸟。

205 黑头䴓

雀形目 PASSERIFORMES
䴓 科 Sittidae

学名 / *Sitta villosa*　英文名 / Chinese Nuthatch　俗名 / 松树儿、贴树皮

形态特征：全长约 11cm。虹膜褐色或暗褐色；嘴铅黑色，下嘴基部石板灰色；跗蹠和趾铅褐色。雄鸟额基白色，眉纹白色或白沾棕黄色，长而显著，头顶至后颈亮黑色，眼先、眼后、耳羽污黑色，耳羽杂有白色细纹；上体石板灰蓝色，颊、颏、喉污白色；下体灰棕色或浅棕黄色。雌鸟头顶黑褐色或暗褐色，眉纹污白，羽色较雄鸟淡，为淡棕色。

习性及分布：栖息于山地针叶林和针阔混交林，以昆虫、植物种子等为食。繁殖期 5～7 月，营巢于针叶林及以针叶林为主的混交林的树洞中，每窝产卵 4～9 枚。中国北方及东北地区的特有种。国内终年居留于吉林东部、辽宁、河北北部、北京、山西、陕西南部、宁夏北部、甘肃、青海东部以及四川西北部。本地少见，旅鸟。

黑头䴓 / 聂延秋　摄

黑头䴓 / 聂延秋　摄

206 麻雀

雀形目 PASSERIFORMES
雀 科 Passeridae

学名 / *Passer montanus*　英文名 / Eurasian Tree Sparrow　俗名 / 禾雀、宾雀、家巧儿

　　形态特征：全长约 14cm。虹膜深褐色，嘴黑色，跗蹠和趾粉褐色。头顶及上体栗褐色，具黑色纵纹，颈部有白色领环，翼和尾黑褐色，有淡黄色羽缘，翅上有两道明显白斑；颏、喉部黑色，颊部乌白色。

　　习性及分布：栖息于居民点附近的田野，以谷物为食，繁殖期食部分昆虫，并以昆虫育雏。繁殖力强，繁殖期随地区不同而异，北方为 3 ~ 8 月，每窝产卵 4 ~ 6 枚。国内分布广泛，为地方性留鸟。本地为优势种，留鸟。

麻雀 / 苗春林　摄

麻雀 / 聂延秋　摄

石雀 / 聂延秋　摄

807 石雀
雀形目 PASSERIFORMES
雀　科 Passeridae

学名 / *Petronia petronia*　英文名 / Rock Sparrow

　　形态特征：全长约 15cm。虹膜褐色；上嘴角褐色，下嘴黄褐色；跗蹠和趾淡黄褐色。头顶暗褐色，中央具暗色带。眉纹淡皮黄色或皮黄白色，长而显著，侧贯纹和贯眼纹暗色。上体灰褐或淡沙棕褐色，肩背处具暗色纵纹，尾具白色端斑。下体白沾褐色，喉部有一黄色斑，胸胁具暗褐或暗赭褐色条纹。雌雄相似。

　　习性及分布：栖息于高原、荒芜多岩丘陵地带，结大群活动，常与家麻雀混群栖居，以草籽、草叶等植物性食物和昆虫为食。繁殖期 5～7 月，营巢于悬崖峭壁洞穴中，每窝产卵 4～7 枚。国内终年居留于北京、宁夏、甘肃、内蒙古、西藏、青海、四川等地。本地少见，留鸟。

石雀 / 聂延秋　摄

黑喉雪雀 / 陈学古　摄

208 黑喉雪雀
雀形目 PASSERIFORMES
雀　科 Passeridae

学名 / *Pyrgilauda davidiana*　英文名 / Pere David's Snowfinch

　　形态特征：全长约 13cm。虹膜褐色，嘴、跗蹠和趾黑色。嘴基、额、眼先、眼下缘和颊前部黑色，与颏喉部黑色连为一体，颊后部皮黄白色。头顶、上体沙褐或棕褐色，具不明显黑褐色羽干纹。两翅和尾较短，褐色。下体白色，颈侧、胸侧、两胁及尾下覆羽沾棕色。雌雄相似。

　　习性及分布：栖息于岩石山坡、平原、沟谷和有稀疏植物的荒漠和半荒漠地区，以植物果实、种子、草籽等为食。繁殖期 5 ～ 7 月，营巢于啮齿类动物的弃洞中，每窝产卵 5 ～ 6 枚。国内终年居留于内蒙古、宁夏、甘肃北部、青海东部。本地偶见，留鸟。

黑喉雪雀 / 陈学古　摄

209 苍头燕雀

雀形目 PASSERIFORMES
燕雀科 Fringillidae

学名 / *Fringilla coelebs*　英文名 / Chaffinch　俗名 / 普通燕雀

苍头燕雀／沈越　摄

　　形态特征：全长约 16cm。虹膜褐色，嘴淡黄色，跗蹠和趾褐色。雄鸟顶冠及颈、背橄榄灰色，眼先、眉纹、颏、喉及胸粉红色，具醒目的白色肩斑及翼斑。雌鸟色暗且无粉红色。

　　习性及分布：栖息于落叶林、混交林及次生灌丛，常与其他雀类混群，于地面取食，杂食性鸟类。繁殖期 5 ～ 6 月，营巢于树杈上，每窝产卵 3 ～ 6 枚。国内为旅鸟和冬候鸟，越冬于华北地区、内蒙古、新疆，迁徙时途经东北地区。本地偶见，旅鸟。

苍头燕雀（雄鸟）／聂延秋　摄

苍头燕雀（雌鸟）／聂延秋　摄

210 燕雀

雀形目 PASSERIFORMES
燕雀科 Fringillidae

学名 / *Fringilla montifringilla*　英文名 / Brambling　俗名 / 虎皮雀、虎皮

　　形态特征：全长约 16cm。虹膜褐色；嘴基黄色，嘴尖黑色；跗蹠和趾暗褐色。雄鸟夏羽头至上背黑色，带有金属光泽；下背、腰白色，翼黑色，具棕色肩羽、翼带；喉、胸、胁部橙褐色，体侧带有黑点，腹以下白色；尾黑色，呈凹形分叉。雌鸟夏羽似雄鸟冬羽，但头部灰褐色，颈侧灰色，喉胸淡橙黄色。

　　习性及分布：栖息于林缘疏林、次生林、果园和村庄附近的小林内。以草籽、果实、种子等植物性食物为食，繁殖季节也吃昆虫。繁殖期 5～7 月，营巢于树上紧靠树干的分枝处，巢呈杯状，每窝产卵 5～7 枚。国内分布广泛，除宁夏、西藏、青海、海南外，见于各地。本地常见，旅鸟。

燕雀 / 陈学古　摄

燕雀 / 聂延秋　摄

211 普通朱雀

雀形目 PASSERIFORMES
燕雀科 Fringillidae

学名 / *Carpodacus erythrinus*　英文名 / Common Rosefinch　俗名 / 青雀、红雀

形态特征：全长约 14cm。虹膜暗褐色；嘴角褐色，下嘴较淡；跗蹠和趾褐色。雄鸟额至枕部、颏至上胸为亮红色，耳羽褐色沾红，腰暗红色；上体余部及翼、尾褐色，胸以下白色。雌鸟上体灰褐色，具暗色纵纹；下体白色稍沾黄色，喉、胸及两胁具暗色纵纹。

习性及分布：栖息于高山森林地带，多见于沿溪流的林缘、灌丛中，以植物叶芽、果实及昆虫为食。繁殖期 5～7 月，营巢于灌丛或小树上，每窝产卵 3～6 枚。国内繁殖于内蒙古东北部及西部、宁夏、新疆、西藏西北和南部、黑龙江、吉林、四川、云贵高原、甘肃、青海等地，迁徙时途经华北地区、陕西，在华中、东南沿海地区越冬。本地常见，旅鸟。

普通朱雀（雌鸟）/ 聂延秋　摄

普通朱雀（雄鸟）/ 聂延秋　摄

212 红眉朱雀

雀形目 PASSERIFORMES
燕雀科 Fringillidae

学名 / *Carpodacus pulcherrimus*　英文名 / Beautiful Rosefinch　俗名 / 红眉麻鹨子

　　形态特征：全长约 15cm。虹膜红褐色或暗褐色；嘴暗褐色或角褐色，下嘴较淡；跗蹠和趾肉色或角褐色。雄鸟上体褐色斑驳，眉纹、颊、额、耳羽及下体淡紫粉色，臀污白色。雌鸟无粉色，但具明显的皮黄色眉纹，上体灰褐色，下体略淡，除腹部外多具褐色纵纹。

　　习性及分布：栖息于海拔 1500m 以上的山地低矮针阔混交林中，主要取食植物种子。繁殖期 5 ~ 8 月，营巢于灌丛或小树上，每窝产卵 3 ~ 5 枚。国内分布于北京、天津、山西、陕西、内蒙古、河北、甘肃、宁夏、西藏、青海、云南等地，为常见留鸟。本地少见，留鸟。

红眉朱雀 / 陈学古　摄

红眉朱雀（雌鸟）/ 陈学古　摄

红眉朱雀（雄鸟）/ 陈学古摄

213 白腰朱顶雀

雀形目 PASSERIFORMES
燕雀科 Fringillidae

学名 / *Carduelis flammea*　英文名 / Common Redpoll　俗名 / 朱点、朱顶雀、苏雀

白腰朱顶雀（雄鸟）/ 陈学古　摄

形态特征：形似麻雀，体长约 13cm。虹膜褐色；嘴黄色，嘴峰黑褐色；跗蹠和趾黑褐色。雄鸟上体沙褐色，有黑褐色纵纹，头顶朱红色，额、眼先、颏黑色，腰灰白沾粉红色，翼及尾黑褐色，具一条白色翼斑，喉及上胸粉红色向上延伸到脸侧；下体余部白色，两胁具黑褐色纵纹。雌鸟似雄鸟，但胸无粉红色。

习性及分布：栖息于溪边的柳林、沼泽及疏林中，常于谷子和蒿类等的花穗上取食，或到打谷场取食遗落在地上的稻谷，尤喜吃苏子，故有"苏雀"之称。繁殖期 5～7 月，营巢于树杈上，每窝产卵 5～6 枚。国内多为冬候鸟，分布于东北和华北地区、山东、内蒙古、宁夏、甘肃西北部、新疆北部、江苏、上海等地。本地常见，冬候鸟。

白腰朱顶雀（雌鸟）/ 陈学古　摄

白腰朱顶雀 / 陈学古　摄

214 黄雀

雀形目 PASSERIFORMES
燕雀科 Fringillidae

学名 / *Carduelis spinus*　英文名 / Eurasian Siskin　俗名 / 黄鸟、金雀、芦花黄雀

形态特征：全长约 12cm。虹膜褐色，嘴暗褐色，跗蹠和趾黑褐色。雄鸟额、眼先、头顶、颏部黑色，背暗绿色具褐色羽干纹，腰及尾基黄色，翼及尾褐色，翼上具两道黄色翅斑；头侧、喉及胸黄色，耳羽沾黑色，腹以下白色，两胁有黑色纵斑。雌鸟色暗而多纵纹，头与颏部无黑色。

习性及分布：栖息环境比较广泛，除繁殖期成对生活外，常集结成几十只的群，但在繁殖期非常隐蔽。繁殖期 5 ～ 8 月，营巢于林间较高的树上，每窝产卵 4 ～ 6 枚。国内分布于除宁夏、西藏、云南外各地。本地常见，旅鸟。

黄雀（雌鸟）/ 沈越　摄

黄雀（雄鸟）/ 聂延秋　摄

215 金翅雀

雀形目 PASSERIFORMES
燕雀科 Fringillidae

学名 / *Carduelis sinica*　英文名 / Oriental Greenfinch　俗名 / 绿雀、金翅

形态特征：全长约 14cm。虹膜栗褐色，嘴黄褐色，跗蹠和趾淡棕黄色。雄鸟头部灰褐色，耳羽沾黄色，背部及翼覆羽暗褐色，腰黄色；喉至上胸黄褐色，腹及两胁棕黄色，尾下覆羽黄色。雌雄相似，雌鸟体色较暗，黄色翼斑也较小。

习性及分布：栖息于山地、灌丛、人工林、公园和村旁的树林。以杂草和树木种子为食，也食昆虫和谷物。繁殖期 3～8 月，营巢于松树或果树上，巢呈杯状，每窝产卵 4～5 枚。国内分布广泛，为地方性常见留鸟。本地常见，留鸟。

金翅雀 / 陈学古　摄

金翅雀 / 陈学古　摄

216 红腹灰雀

雀形目 PASSERIFORMES
燕雀科 Fringillidae

学名 / *Pyrrhula pyrrhula*　英文名 / Common Bullfinch　俗名 / 牛嗙

　　形态特征：全长约 16cm。体形厚实。虹膜褐色，嘴灰黑色略带钩，跗蹠和趾黑褐色。雄鸟头至后颈黑色，背灰色，腰白色，翼、尾黑色，翼上具一道白色翼斑；胸及上腹粉红色，下腹及尾下覆羽白色。雌鸟以灰棕色代替雄鸟红色部分。

　　习性及分布：栖息于终年常青的树林和灌木丛中，性活泼，不畏人，常结小群活动，取食树木种子和草籽。繁殖期 4～7 月，每窝产卵 4～6 枚。国内多为冬候鸟、迷鸟及旅鸟，见于东北地区、河北、内蒙古中部及新疆。本地偶见，冬候鸟。

红腹灰雀（雌鸟）/ 聂延秋　摄

217 锡嘴雀

雀形目 PASSERIFORMES
燕雀科 Fringillidae

学名 / *Coccothraustes coccothraustes*　英文名 / Hawfinch　俗名 / 老锡

形态特征：全长约17cm。虹膜褐色；嘴角质色至近黑，嘴粗大而坚厚；跗蹠和趾粉褐色。雄鸟的眼先、嘴基、颏、喉的中央黑色，头由前至后渐浓呈淡棕色，领环灰白色，肩、背茶褐色，腰淡黄色，尾棕褐色，尾端白色，下体淡黄色，腹中央、尾下覆羽白色，翅黑栗色有白斑。雌鸟色比雄鸟淡。

锡嘴雀（雄鸟）/ 聂延秋　摄

习性及分布：栖息于林地、花园、果园，成群活动，主食植物果实、种子，也吃昆虫。繁殖期5～7月，营巢于阔叶树枝叶茂密的侧枝上，巢呈杯状，每窝产卵3～7枚。国内分布于除西藏、云南、海南外各地。本地常见，旅鸟。

锡嘴雀（雌鸟）/ 聂延秋　摄

黑尾蜡嘴雀（雌鸟）/ 陈学古　摄

218 黑尾蜡嘴雀

雀形目 PASSERIFORMES
燕雀科 Fringillidae

学名 / *Eophona migratoria*　英文名 / Yellow-billed Grosbeak　俗名 / 少花子

　　形态特征：全长约 18cm。虹膜淡红褐色；嘴橙黄色，尖端黑色，跗蹠和趾粉褐色。雄鸟头、翼和尾黑色，飞翔时翼下缘白色，胁部棕褐色，身体余部灰褐色。雌鸟头部无黑色，余部似雄鸟。

　　习性及分布：栖息于平原、丘陵、山区的阔叶林和灌丛中。除繁殖期外，喜集小群活动，主食植物性食物，也食昆虫。繁殖期 5～7 月，筑巢于灌丛、幼树和乔木树杈上，每窝产卵 3～5 枚。国内分布于除宁夏、新疆、西藏、青海、海南外各地。本地少见，夏候鸟。

黑尾蜡嘴雀（上雄下雌）/ 聂延秋　摄

219 黑头蜡嘴雀

雀形目 PASSERIFORMES
燕雀科 Fringillidae

学名 / *Eophona personata*　英文名 / Japanese Grosbeak　俗名 / 梧桐、大蜡嘴

形态特征：全长约23cm。虹膜红色；嘴粗大，蜡黄或鲜黄；跗蹠和趾黄褐或肉褐色。雄鸟头黑色，额和头顶具蓝色金属光泽，耳羽棕灰色；体羽灰色，两翅和尾黑色，翅上具白色翅斑；下胸、两胁褐灰色或葡萄灰色，腹淡灰色，腹中央及尾下覆羽白色。雌鸟似雄鸟，但上体较褐。

习性及分布：栖息于平原和丘陵的溪边灌丛、草丛和次生林，也见于山区的灌丛、常绿林和针阔混交林，以昆虫、植物种子、果实等为食。繁殖期5～7月，营巢于茂密原始针阔叶混交林中的松树、椴树、水曲柳等乔木枝杈间，每

黑头蜡嘴雀 / 孙晓明　摄

窝产卵3～4枚。国内繁殖于东北地区，迁徙时途经华北、华东、华中、西南地区，越冬于长江以南地区。本地偶见，旅鸟。

黑头蜡嘴雀 / 孙晓明　摄

蒙古沙雀 / 聂延秋 摄

220 蒙古沙雀
雀形目 PASSERIFORMES
燕雀科 Fringillidae

学名 / *Rhodopechys mongolicus*　英文名 / Mongolian Finch　俗名 / 四色、土红子

　　形态特征：全长约14cm。虹膜暗褐或茶褐色；嘴短粗，上嘴稍弯曲，黄褐色或肉黄色；跗蹠和趾黄褐色或肉色。头、颈、上体灰褐色，腰及尾上覆羽灰色，沾粉红色；尾羽黑褐色具白色羽缘，翅黑褐色，沾粉红色，下体暗粉红色。

　　习性及分布：栖息于荒漠半荒漠环境。冬季成群活动，主食植物种子。繁殖期5～6月，营巢于石头下或岩缝中，每窝产卵3～5枚。国内终年居留于黑龙江中部、河北北部、内蒙古、宁夏、甘肃、青海、新疆。本地少见，留鸟。

蒙古沙雀 / 聂延秋 摄

221 巨嘴沙雀

雀形目 PASSERIFORMES
燕雀科 Fringillidae

学名 / *Rhodospiza obsoleta*　英文名 / Desert Finch　俗名 / 乌嘴

形态特征：全长约 14cm。虹膜暗褐色；嘴粗厚，呈圆锥状，雄性黑色，雌性暗褐色；跗蹠和趾暗褐色至灰黑色。眼先黑色，头、颈上体浅沙色，翼和尾上有粉、黑、白色花纹，飞行时更为显眼。

习性及分布：栖息于草原和半沙漠地带，多成对或小群活动，主食植物种子。繁殖期 4 ~ 7 月，营巢于灌丛或矮树上，每窝产卵 4 ~ 6 枚。国内终年居留于宁夏、甘肃、新疆、青海、陕西及内蒙古的大部分地区。本地常见，留鸟。

巨嘴沙雀（雌鸟）/ 沈越　摄

巨嘴沙雀（雄鸟）/ 陈学古　摄

222 长尾雀

雀形目 PASSERIFORMES
燕雀科 Fringillidae

学名 / *Uragus sibiricus*　英文名 / Long-tailed Rosefinch

　　形态特征：全长约17cm。虹膜褐色，嘴角褐色，跗蹠和趾暗褐色。雄鸟嘴短粗，头、腰及胸粉红色，耳羽染霜白色；背褐色，具黑色的羽干纹和玫瑰红色羽缘；翼及尾黑色，翼上有两道白斑，尾黑色而长，外侧尾羽具白色。雌鸟以灰褐色代替雄鸟的红色部分，尾上覆羽浅玫瑰红色，下体具褐色纵纹。

　　习性及分布：栖息于平原和丘陵的溪边、灌丛、草丛、次生林，也见于山区的灌丛、常绿林和针阔混交林。繁殖期5～6月，营巢于林缘或林下小树上，每窝产卵4～5枚。国内终年居留或夏季繁殖于黑龙江、山西、内蒙古东北部、吉林、辽宁、陕西南部、甘肃南部、西藏东部、青海东部、云南西北部、四川、重庆，越冬时见于新疆、河北北部、北京、山东、内蒙古中部。本地偶见，冬候鸟。

长尾雀（雌鸟）/ 聂延秋　摄

长尾雀（雄鸟）/ 聂延秋　摄

灰眉岩鹀 / 陈学古 摄

223 灰眉岩鹀

雀形目 PASSERIFORMES
鹀 科 Emberizidae

学名 / *Emberiza godlewskii*　英文名 / Godlewski' s Bunting　俗名 / 灰眉、灰眉子

　　形态特征： 全长约 16cm。虹膜深褐色；嘴蓝灰色，跗蹠和趾粉褐色。雄鸟眼先和贯眼纹栗色，头顶、头侧有黑栗色带，头顶余部、眉纹、颈侧、颏喉、胸均为蓝灰色；翼、尾黑色且具宽棕色羽缘，常具两道白色翼斑；下体淡红褐色，腹中部和尾下覆羽色淡。雌鸟似雄鸟，色较浅，头顶杂以白色斑。

　　习性及分布： 栖息于山坡、岩石灌丛中，主食植物种子，繁殖期以昆虫为食。繁殖期 5 ～ 6 月，每窝产卵 3 ～ 6 枚。国内终年居留于宁夏、甘肃、内蒙古、西藏、青海、新疆、云南、四川、贵州、广西、辽宁西部、河北东北部、北京、山西、陕西南部、重庆、湖北西部，越冬时见于四川西北部。本地少见，冬候鸟。

灰眉岩鹀 / 陈学古 摄

灰眉岩鹀 / 陈学古 摄

224 三道眉草鹀

雀形目 PASSERIFORMES
鹀 科 Emberizidae

学名 / *Emberiza cioides*　英文名 / Meadow Bunting　俗名 / 大白眉、三道眉、山带子

三道眉草鹀 / 聂延秋　摄

形态特征：全长约 17cm。虹膜深褐色；嘴双色，上嘴色深，下嘴蓝灰而嘴端色深；跗蹠和趾粉褐色。雄鸟全身大致栗褐色，背部有黑色纵纹；眉纹上缘、过眼纹和颊纹黑色，眉纹、颊、喉和颈侧黄色，胸部具深色横带斑；腹以下栗色较浅。雌鸟斑色较淡，眉纹和耳羽土黄色，眼先和颊纹也沾污黄。

习性及分布：栖息于开阔地带的林缘和灌丛中，繁殖期以昆虫为食，其他季节以植物为食。繁殖期 5 ~ 7 月，营巢于光线充足的林间灌丛及山坡草丛中，巢呈碗状，每窝产卵 4 ~ 5 枚。国内终年居留于除西藏以外各地。本地常见，冬候鸟。

三道眉草鹀 / 陈学古　摄

225 小鹀

雀形目 PASSERIFORMES
鹀 科 Emberizidae

学名 / *Emberiza pusilla*　英文名 / Little Bunting　俗名 / 花椒子

形态特征： 全长约 13cm。虹膜深红褐色，嘴灰色，跗蹠和趾红褐色。雄鸟冬羽头顶、眼先、眉纹的前部、耳羽及颊部红棕色；从眼后侧伸出一条细黑纹包围红棕色脸部之外；眉纹的后半部棕白色，与白色颊纹在颈侧相连，紧贴于黑纹外侧；颏、喉部及下体白色；颚纹黑色；胸、胁具黑褐色纵纹；上体棕色，具黑褐色粗纵纹。雄鸟夏羽较冬羽羽色鲜亮，头部冠纹栗色，侧冠纹黑色，彼此界限清晰；颏、喉部红棕色。雌鸟与雄鸟相似，但羽端较淡，黑色侧冠纹不明显。

习性及分布： 栖息于平原至山地树林、灌丛、草地及农田，以地面草籽、谷物及昆虫为食。繁殖期 6～7 月，繁殖于西伯利亚北部苔原和森林苔原地带，部分在泰加林北部林缘地带繁殖，营巢于地上草丛或灌丛中，每窝产卵 4～6 枚。国内分布广泛，除西藏外，见于各地。本地常见，冬候鸟。

228 苇鹀

雀形目 PASSERIFORMES
鹀　科 Emberizidae

学名 / *Emberiza pallasi*　英文名 / Pallas's Bunting　俗名 / 山苇容、山家雀儿

形态特征：全长约 14cm。虹膜深栗色，嘴灰黑色，跗蹠和趾粉褐色。雄鸟上体沙褐色，具有黑色纵纹，额、顶和枕部黑色，翼黑褐色具淡色羽缘；中央尾羽深褐色，外侧尾羽具白斑，其余尾羽近黑色；下体近白色，两胁沾棕褐色；颏喉部黑色，髭纹白色。雌鸟头顶沙褐色，具黑色纵纹，眉纹黄白色，嘴铅灰色。

习性及分布：栖息于平原沼泽及溪流边的灌丛和苇蒲中，以植物种子为食，也食少量昆虫。繁殖期 5～7 月，营巢于沼泽地的草丛或灌丛中近地面的灌木上，每窝产卵 2～5 枚。繁殖于宁夏、甘肃西北部、内蒙古西部、新疆及黑龙江，越冬于湖南、湖北、江苏、上海、福建、台湾等地，迁徙时途经吉林、辽宁、华北地区、山东、内蒙古东部、陕西等地。本地常见，冬候鸟。

苇鹀 / 聂延秋　摄

苇鹀 / 聂延秋　摄

苇鹀 / 陈学古　摄

芦鹀 / 聂延秋 摄

227 芦鹀

雀形目 PASSERIFORMES
鹀 科 Emberizidae

学名 / *Emberiza schoeniclus*　**英文名** / Reed Bunting　**俗名** / 大苇容、大山家雀儿

　　形态特征：全长约 16cm。虹膜栗褐色，嘴黑色，跗蹠和趾深褐色至粉褐色。雄鸟夏羽头、颊、喉及上胸中央黑色，颊纹白色，并向颈侧延伸，与灰白色领环相连；肩背红褐色或栗皮黄色，具宽阔黑色纵纹，腰亮灰色；翅、尾黑褐色；下体白色。雌鸟及雄鸟冬羽头棕褐色，具黑色羽干纹，眉纹白色、宽阔，后颈无白色领环或领环不明显，颏喉白色，其余似雄鸟。

　　习性及分布：栖息于灌丛、近水芦苇丛，也见于丘陵和山区，以植物及各种昆虫、甲壳类等为食。繁殖期 5～7 月，营巢于灌丛或芦苇丛中，每窝产卵 2～6 枚。国内繁殖于宁夏、甘肃西北部、内蒙古东部、新疆、青海北部、黑龙江西南部、吉林、辽宁，越冬于华东地区及福建、广东沿海地区，迁徙时途经华北地区、陕西、内蒙古等地。本地少见，冬候鸟。

芦鹀 / 聂延秋 摄

228 铁爪鹀

雀形目 PASSERIFORMES
鹀 科 Emberizidae

学名 / *Calcarius lapponicus*　英文名 / Lapland Longspur　俗名 / 铁雀、铁爪子

形态特征：全长约16cm。虹膜栗褐色；嘴黄色，嘴端深色；跗蹠和趾黑褐色，后趾及爪甚长。雄鸟夏羽脸及胸黑色，颈背棕色，头侧具白色的"之"字形图纹，下体、胸、胁黑色，腹白色。雌鸟头顶暗褐色具皮黄色纵纹，背羽边缘棕色，侧冠纹黑褐色。成鸟冬羽及幼鸟顶冠具细纹，眉线皮黄，大覆羽、次级飞羽及三级飞羽的羽缘为亮棕色。

习性及分布：栖息于开阔地区的草地、沼泽地、丘陵的稀疏山林中，喜在地面活动，尤善于在地上行走，主要以杂草种子为食。繁殖期6～7月，繁殖于北极区的苔原冻土带，筑巢于凹地或冰原边上的低凹处，以杂草隐蔽，每窝产卵5～6枚。国内为旅鸟和冬候鸟，迁徙时途经东北和华北地区以及山东，在陕西北部、内蒙古、甘肃西北部、四川、湖南、湖北、江苏、上海等地为旅鸟和冬候鸟。本地少见，冬候鸟。

铁爪鹀（雌鸟）/ 聂延秋　摄

铁爪鹀（雄鸟）/ 聂延秋　摄

Λ.N. 斯特拉勒，A.H. 斯特拉勒 .1986. 现代自然地理 [M]. 北京：科学出版社 .

高玮 .2006. 中国东北地区鸟类及其生态研究 [M]. 北京：科学出版社 .

高野伸二，叶内拓哉 .1990. 野鸟图鉴 [M]. 台北：东海大学出版社 .

高野伸二 .1992. 野山之鸟 [M]. 台北：东海大学出版社 .

李全基 .2002. 内蒙古湿地 [M]. 北京：中国环境科学出版社 .

李湘涛 .2004. 中国猛禽 [M]. 北京：中国林业出版社 .

刘月良 .2013. 黄河三角洲鸟类 [M]. 北京：中国林业出版社 .

聂延秋 .2007. 内蒙古野生鸟类 [M]. 北京：中国大百科全书出版社 .

聂延秋 .2011. 包头野鸟 [M]. 北京：中国科学技术出版社 .

王岐山，马鸣，高育仁 .2006. 中国动物志 鸟纲（第五卷 鹤形目 鸻形目 鸥形目)[M]. 北京：科学出版社 .

邢莲莲，宋丽军 .2013. 达里诺尔野鸟 [M]. 北京：中国大百科全书出版社 .

邢莲莲，杨贵生 .1996. 乌梁素海鸟类志 [M]. 呼和浩特：内蒙古大学出版社 .

旭日干 .2007. 内蒙古动物志（第三卷)[M]. 呼和浩特：内蒙古大学出版社 .

叶内拓哉，安部直哉，上田秀雄 .1998. 日本之野鸟 [M]. 东京：山和溪谷社 .

张荣祖 .2011. 中国动物地理 [M]. 北京：科学出版社 .

赵正阶 .1995. 中国鸟类手册（上卷；非雀形目)[M]. 长春：吉林科学技术出版社 .

赵正阶 .2001. 中国鸟类手册（下卷：雀形目)[M]. 长春：吉林科学技术出版社 .

郑光美 .2004. 世界鸟类分类与分布名录 [M]. 北京：科学出版社 .

郑光美 .2012. 鸟类学 (2 版). 北京：北京师范大学出版社 .

郑光美 .2016. 中国鸟类分类与分布名录 (2 版)[M]. 北京：科学出版社 .

郑光美，张词祖 .2001. 中国野鸟 [M]. 北京：中国林业出版社 .

内蒙古南海子湿地自然保护区鸟类名录

种　类	居留型	区系从属	分布型	数量级	保护级别	中国红色名录等级	CITES
I.䴙䴘目 PODICIPEDIFORMES							
一、䴙䴘科 Podicipedidae							
1. 小䴙䴘 Tachybaptus ruficollis	S	广布种	东洋型（包括少数旧热带型或环球热带—温带）	+++	✓	LC	
2. 凤头䴙䴘 Podiceps cristatus	S	广布种	古北型	++++	✓	LC	
3. 角䴙䴘 Podiceps auritus	P	古北种	全北型	+	Ⅱ	NT	
4. 黑颈䴙䴘 Podiceps nigricollis	S	广布种	全北型	+++	✓	LC	
II.鹈形目 PELECANIFORMES							
二、鹈鹕科 Pelecanidae							
5. 卷羽鹈鹕 Pelecanus crispus	P	广布种	古北型	++	Ⅱ	EN	附录Ⅰ
三、鸬鹚科 Phalacrocoracidae							
6. 普通鸬鹚 Phalacrocorax carbo	S	广布种	不易归类的分布	+++	✓	LC	
III.鹳形目 CICONIIFORMES							
四、鹭科 Ardeidae							
7. 苍鹭 Ardea cinerea	S	广布种	古北型	++++	✓	LC	
8. 草鹭 Ardea purpurea	S	广布种	古北型	+++	✓	LC	
9. 大白鹭 Ardea alba	S	广布种	不易归类的分布	++++	✓	LC	
10. 白鹭 Egretta garzetta	P	东洋种	东洋型（包括少数旧热带型或环球热带—温带）	+++	✓	LC	
11. 牛背鹭 Bubulcus ibis	P	东洋种	东洋型（包括少数旧热带型或环球热带—温带）	++	✓	LC	
12. 池鹭 Ardeola bacchus	P	东洋种	东洋型（包括少数旧热带型或环球热带—温带）	++	✓	LC	
13. 夜鹭 Nycticorax nycticorax	S	广布种	不易归类的分布	+++	✓	LC	
14. 黄斑苇鳽 Ixobrychus sinensis	S	东洋种	东洋型（包括少数旧热带型或环球热带—温带）	+++	✓	LC	
15. 紫背苇鳽 Ixobrychus eurhythmus	S	古北种	季风区型（东部湿润地区为主）	++	✓	LC	
16. 大麻鳽 Botaurus stellaris	S	古北种	古北型	+++	✓	LC	
五、鹳科 Ciconiidae							
17. 黑鹳 Ciconia nigra	P	古北种	古北型	++	Ⅰ	VU	附录Ⅱ
六、鹮科 Threskiornithidae							
18. 白琵鹭 Platalea leucorodia	S	古北种	不易归类的分布	++++	Ⅱ	NT	附录Ⅱ
IV.雁形目 ANSERIFORMES							
七、鸭科 Anatidae							
19. 疣鼻天鹅 Cygnus olor	P	古北种	古北型	+++	Ⅱ	NT	
20. 大天鹅 Cygnus cygnus	P	古北种	全北型	+++	Ⅱ	NT	
21. 小天鹅 Cygnus columbianus	P	古北种	全北型	+++	Ⅱ	NT	
22. 鸿雁 Anser cygnoides	P	古北种	东北型（我国东北地区或再包括附近地区）	++		VU	
23. 豆雁 Anser fabalis	P	古北种	古北型	+++	✓	LC	
24. 灰雁 Anser anser	P	古北种	古北型	+++	✓	LC	
25. 赤麻鸭 Tadorna ferruginea	P	古北种	古北型	+++	✓	LC	
26. 翘鼻麻鸭 Tadorna tadorna	P	古北种	古北型	++	✓	LC	
27. 鸳鸯 Aix galericulata	P	古北种	季风区型（东部湿润地区为主）	+	Ⅱ	NT	
28. 赤颈鸭 Anas penelope	P	古北种	全北型	+++	✓	LC	
29. 罗纹鸭 Anas falcata	P	古北种	东北型（我国东北地区或再包括附近地区）	++	✓	NT	
30. 赤膀鸭 Anas strepera	S	古北种	古北型	+++	✓	LC	
31. 绿翅鸭 Anas crecca	P	古北种	全北型	+++	✓	LC	

（序）

种类	居留型	区系从属	分布型	数量级	保护级别	中国红色名录等级	CITES
32. 绿头鸭 *Anas platyrhynchos*	P	古北种	全北型	+++	√	LC	
33. 斑嘴鸭 *Anas poecilorhyncha*	S	广布种	东洋型（包括少数旧热带型或环球热带—温带）	+++	√	LC	
34. 针尾鸭 *Anas acuta*	P	古北种	全北型	+++	√	LC	
35. 白眉鸭 *Anas querquedula*	P	古北种	古北型	++	√	LC	
36. 琵嘴鸭 *Anas clypeata*	S	古北种	全北型	+++	√	LC	
37. 赤嘴潜鸭 *Netta rufina*	S	古北种	不易归类的分布	++++	√	LC	
38. 红头潜鸭 *Aythya ferina*	S	古北种	全北型	++++	√	LC	
39. 白眼潜鸭 *Aythya nyroca*	S	古北种	不易归类的分布	++++	√	NT	
40. 凤头潜鸭 *Aythya fuligula*	P	古北种	古北型	+++	√	LC	
41. 鹊鸭 *Bucephala clangula*	P	古北种	全北型	+++	√	LC	
42. 斑头秋沙鸭 *Mergellus albellus*	P	古北种	古北型	+++	√	LC	
43. 普通秋沙鸭 *Mergus merganser*	P	古北种	全北型	+++	√	LC	
V.隼形目 FALCONIFORMES							
八、鹗科 Pandionidae							
44. 鹗 *Pandion haliaetus*	P	广布种	全北型	++	II	NT	附录II
九、鹰科 Accipitridae							
45. 白尾海雕 *Haliaeetus albicilla*	P	古北种	古北型	+	I	VU	附录I
46. 白腹鹞 *Circus spilonotus*	S	古北种	东北型（我国东北地区或再包括附近地区）	+++	II	NT	附录II
47. 白尾鹞 *Circus cyaneus*	S	古北种	全北型	+++	II	NT	附录II
48. 雀鹰 *Accipiter nisus*	R	古北种	古北型	++	II	LC	附录II
49. 苍鹰 *Accipiter gentilis*	P	古北种	全北型	++	II	NT	附录II
50. 普通鵟 *Buteo buteo*	P	古北种	古北型	+++	II	LC	附录II
51. 大鵟 *Buteo hemilasius*	P	古北种	中亚型（中亚温带干旱区分布）	+++	II	VU	附录II
52. 毛脚鵟 *Buteo lagopus*	P	古北种	全北型	++	II	NT	附录II
53. 乌雕 *Aquila clanga*	P	古北种	古北型	+	II	EN	附录II
54. 草原雕 *Aquila nipalensis*	P	古北种	中亚型（中亚温带干旱区分布）	++	II	VU	附录II
55. 金雕 *Aquila chrysaetos*	P	古北种	全北型	+	I	VU	附录II
十、隼科 Falconidae							
56. 红隼 *Falco tinnunculus*	R	广布种	不易归类的分布	+++	II	LC	附录II
57. 红脚隼 *Falco amurensis*	P	古北种	古北型	+++	II	NT	附录II
58. 灰背隼 *Falco columbarius*	P	古北种	全北型	+	II	NT	附录II
59. 燕隼 *Falco subbuteo*	P	广布种	古北型	++	II	LC	附录II
60. 猎隼 *Falco cherrug*	P	古北种	全北型	+	II	EN	附录II
61. 游隼 *Falco peregrinus*	P	广布种	全北型	+	II	NT	附录I
VI.鸡形目 GALLIFORMES							
十一、雉科 Phasianidae							
62. 斑翅山鹑 *Perdix dauurica*	R	古北种	中亚型（中亚温带干旱区分布）	++++	√	LC	
63. 环颈雉 *Phasianus colchicus*	R	广布种	不易归类的分布	++++	√	LC	
VII.鹤形目 GRUIFORMES							
十二、鹤科 Gruidae							
64. 蓑羽鹤 *Anthropoides virgo*	P	古北种	中亚型（中亚温带干旱区分布）	++	II	LC	附录II
65. 灰鹤 *Grus grus*	P	古北种	古北型	+++	II	NT	附录II
十三、秧鸡科 Rallidae							
66. 普通秧鸡 *Rallus aquaticus*	S	古北种	古北型	++	√	LC	
67. 小田鸡 *Porzana pusilla*	S	广布种	不易归类的分布	+	√	LC	
68. 黑水鸡 *Gallinula chloropus*	S	广布种	不易归类的分布	++++	√	LC	

（序）

种　类	居留型	区系从属	分布型	数量级	保护级别	中国红色名录等级	CITES
69．白骨顶 *Fulica atra*	S	广布种	不易归类的分布	++++	✓	LC	
十四、鸨科 Otididae							
70．大鸨 *Otis tarda*	P	古北种	不易归类的分布	+	I	EN	附录Ⅱ
Ⅷ．鸻形目 CHARADRIIFORMES							
十五、彩鹬科 Rostratulidae							
71．彩鹬 *Rostratula benghalensis*	S	古北种	东洋型（包括少数旧热带型或环球热带—温带）	+	✓	LC	
十六、反嘴鹬科 Recurvirostridae							
72．黑翅长脚鹬 *Himantopus himantopus*	S	广布种	不易归类的分布	++++	✓	LC	
73．反嘴鹬 *Recurvirostra avosetta*	S	古北种	不易归类的分布	++++	✓	LC	
十七、燕鸻科 Glareolidae							
74．普通燕鸻 *Glareola maldivarum*	S	广布种	东洋型（包括少数旧热带型或环球热带—温带）	++	✓	LC	
十八、鸻科 Charadriidae							
75．凤头麦鸡 *Vanellus vanellus*	S	古北种	古北型	++++	✓	LC	
76．灰头麦鸡 *Vanellus cinereus*	S	古北种	东北型（我国东北地区或再包括附近地区）	++++	✓	LC	
77．金鸻 *Pluvialis fulva*	P	古北种	全北型	+++	✓	LC	
78．灰鸻 *Pluvialis squatarola*	P	古北种	全北型	++	✓	LC	
79．金眶鸻 *Charadrius dubius*	S	广布种	不易归类的分布	++++	✓	LC	
80．环颈鸻 *Charadrius alexandrinus*	S	广布种	不易归类的分布	++++	✓	LC	
81．铁嘴沙鸻 *Charadrius leschenaultii*	P	古北种	中亚型（中亚温带干旱区分布）	++	✓	LC	
82．东方鸻 *Charadrius veredus*	P	古北种	古北型	++	✓	LC	
十九、鹬科 Scolopacidae							
83．丘鹬 *Scolopax rusticola*	P	古北种	古北型	+++	✓	LC	
84．姬鹬 *Lymnocryptes minimus*	P	广布种	古北型	+	✓	LC	
85．孤沙锥 *Gallinago solitaria*	P	古北种	古北型	+	✓	LC	
86．针尾沙锥 *Gallinago stenura*	P	古北种	古北型	+++	✓	LC	
87．大沙锥 *Gallinago megala*	P	古北种	古北型	++	✓	LC	
88．扇尾沙锥 *Gallinago gallinago*	P	古北种	古北型	+++	✓	LC	
89．黑尾塍鹬 *Limosa limosa*	P	古北种	古北型	+++	✓	LC	
90．斑尾塍鹬 *Limosa lapponica*	P	广布种	古北型			NT	
91．小杓鹬 *Numenius minutus*	P	古北种	东北型（我国东北地区或再包括附近地区）	+	Ⅱ	NT	
92．中杓鹬 *Numenius phaeopus*	P	古北种	古北型	+++	✓	LC	
93．白腰杓鹬 *Numenius arquata*	P	广布种	古北型	+++		NT	
94．大杓鹬 *Numenius madagascariensis*	P	广布种	东北型（我国东北地区或再包括附近地区）	+	✓	VU	
95．鹤鹬 *Tringa erythropus*	P	古北种	古北型	+++	✓	LC	
96．红脚鹬 *Tringa totanus*	S	古北种	古北型	+++	✓	LC	
97．泽鹬 *Tringa stagnatilis*	P	古北种	古北型	+++	✓	LC	
98．青脚鹬 *Tringa nebularia*	P	古北种	古北型	+++	✓	LC	
99．小青脚鹬 *Tringa guttifer*	V	古北种	东北型（我国东北地区或再包括附近地区）	+	Ⅱ	EN	附录Ⅰ
100．白腰草鹬 *Tringa ochropus*	P	广布种	古北型	+++	✓	LC	
101．林鹬 *Tringa glareola*	S	古北种	古北型	+++	✓	LC	
102．翘嘴鹬 *Xenus cinereus*	P	古北种	古北型	++	✓	LC	
103．矶鹬 *Actitis hypoleucos*	S	古北种	全北型	+++	✓	LC	
104．翻石鹬 *Arenaria interpres*	P	古北种	全北型	++	✓	LC	

（序）

种类	居留型	区系从属	分布型	数量级	保护级别	中国红色名录等级	CITES
105. 红腹滨鹬 *Calidris canutus*	P	古北种	全北型	+	✓	VU	
106. 红颈滨鹬 *Calidris ruficollis*	P	广布种	东北型（我国东北地区或再包括附近地区）	++	✓	LC	
107. 青脚滨鹬 *Calidris temminckii*	P	古北种	古北型	+++	✓	LC	
108. 长趾滨鹬 *Calidris subminuta*	P	古北种	东北型（我国东北地区或再包括附近地区）	+++	✓	LC	
109. 弯嘴滨鹬 *Calidris ferruginea*	P	古北种	古北型	+++	✓	LC	
110. 阔嘴鹬 *Limicola falcinellus*	P	广布种	全北型	++	✓	LC	
111. 流苏鹬 *Philomachus pugnax*	P	东洋种	古北型	++	✓	LC	
二十、鸥科 Laridae							
112. 银鸥 *Larus argentatus*	P	古北种	全北型	+++	✓	LC	
113. 渔鸥 *Larus ichthyaetus*	P	古北种	中亚型（中亚温带干旱区分布）	+++	✓	LC	
114. 棕头鸥 *Larus brunnicephalus*	P	古北种	高地型（以青藏高原为中心可包括其外围山地）	+++	✓	LC	
115. 红嘴鸥 *Larus ridibundus*	P	古北种	古北型	+++	✓	LC	
116. 遗鸥 *Larus relictus*	P	古北种	中亚型（中亚温带干旱区分布）	+++	I	EN	附录 I
二十一、燕鸥科 Sternidae							
117. 鸥嘴噪鸥 *Gelochelidon nilotica*	P	广布种	不易归类的分布	++		LC	
118. 红嘴巨燕鸥 *Hydroprogne caspia*	P	广布种	不易归类的分布	+++		LC	
119. 普通燕鸥 *Sterna hirundo*	S	古北种	全北型	++++		LC	
120. 白额燕鸥 *Sterna albifrons*	S	广布种	不易归类的分布	++++		LC	
121. 灰翅浮鸥 *Chlidonias hybrida*	S	广布种	古北型	++++		LC	
122. 白翅浮鸥 *Chlidonias leucopterus*	S	古北种	古北型	++++		LC	
IX.沙鸡目 PTEROCLIFORMES							
二十二、沙鸡科 Pteroclidae							
123. 毛腿沙鸡 *Syrrhaptes paradoxus*	P	古北种	中亚型（中亚温带干旱区分布）	++	✓	LC	
X.鸽形目 COLUMBIFORMES							
二十三、鸠鸽科 Columbidae							
124. 山斑鸠 *Streptopelia orientalis*	P	广布种	季风区型（东部湿润地区为主）	++	✓	LC	
125. 灰斑鸠 *Streptopelia decaocto*	R	古北种	东洋型（包括少数旧热带型或环球热带—温带）	++++		LC	
126. 珠颈斑鸠 *Streptopelia chinensis*	R	广布种	东洋型（包括少数旧热带型或环球热带—温带）	+++		LC	
XI.鹃形目 CUCULIFORMES							
二十四、杜鹃科 Cuculidae							
127. 四声杜鹃 *Cuculus micropterus*	P	广布种	东洋型（包括少数旧热带型或环球热带—温带）	++	✓	LC	
128. 大杜鹃 *Cuculus canorus*	S	广布种	不易归类的分布	+++	✓	LC	
XII.鸮形目 STRIGIFORMES							
二十五、鸱鸮科 Strigidae							
129. 雕鸮 *Bubo bubo*	R	广布种	古北型	++	II	NT	附录 II
130. 纵纹腹小鸮 *Athene noctua*	R	古北种	古北型	+++	II	LC	附录 II
131. 长耳鸮 *Asio otus*	W	古北种	全北型	+++	II	LC	附录 II
132. 短耳鸮 *Asio flammeus*	S	广布种	全北型	++	II	NT	附录 II
XIII.雨燕目 APODIFORMES							
二十六、雨燕科 Apodidae							
133. 普通雨燕 *Apus apus*	P	古北种	不易归类的分布	+++	✓	LC	
XIV.佛法僧目 CORACIIFORMES							
二十七、翠鸟科 Alcedinidae							
134. 普通翠鸟 *Alcedo atthis*	S	广布种	不易归类的分布	+++	✓	LC	

（序）

种　类	居留型	区系从属	分布型	数量级	保护级别	中国红色名录等级	CITES
ⅩⅤ.戴胜目 UPUPIFORMES							
二十八、戴胜科 Upupidae							
135．戴胜 *Upupa epops*	S	广布种	不易归类的分布	+++	✓	LC	
ⅩⅥ.䴕形目 PICIFORMES							
二十九、啄木鸟科 Picidae							
136．蚁䴕 *Jynx torquilla*	P	古北种	古北型	++	✓	LC	
137．大斑啄木鸟 *Dendrocopos major*	S	古北种	古北型	+++	✓	LC	
138．灰头绿啄木鸟 *Picus canus*	S	广布种	古北型	+++	✓	LC	
ⅩⅦ.雀形目 PASSERIFORMES							
三十、百灵科 Alaudidae							
139．蒙古百灵 *Melanocorypha mongolica*	P	古北种	中亚型（中亚温带干旱区分布）	+++	✓	VU	
140．大短趾百灵 *Calandrella brachydactyla*	P	古北种	古北型	+++		LC	
141．短趾百灵 *Calandrella cheleensis*	R	古北种	中亚型（中亚温带干旱区分布）	+++		LC	
142．凤头百灵 *Galerida cristata*	R	古北种	不易归类的分布	++++		LC	
143．云雀 *Alauda arvensis*	P	古北种	古北型	++	✓	LC	
144．角百灵 *Eremophila alpestris*	P	古北种	全北型	+++		LC	
三十一、燕科 Hirundinidae							
145．崖沙燕 *Riparia riparia*	S	广布种	全北型	++++	✓	LC	
146．家燕 *Hirundo rustica*	S	广布种	全北型	++++	✓	LC	
三十二、鹡鸰科 Motacillidae							
147．白鹡鸰 *Motacilla alba*	S	广布种	古北型	+++	✓	LC	
148．黄头鹡鸰 *Motacilla citreola*	S	古北种	古北型	+++	✓	LC	
149．黄鹡鸰 *Motacilla flava*	S	古北种	古北型	+++	✓	LC	
150．灰鹡鸰 *Motacilla cinerea*	P	古北种	不易归类的分布	++	✓	LC	
151．田鹨 *Anthus richardi*	P	古北种	东北型（我国东北地区或再包括附近地区）	++	✓	LC	
152．布氏鹨 *Anthus godlewskii*	S	古北种	中亚型（中亚温带干旱区分布）	+++	✓	LC	
153．树鹨 *Anthus hodgsoni*	P	古北种	东北型（东部为主）	++	✓	LC	
154．水鹨 *Anthus spinoletta*	P	古北种	全北型	+++	✓	LC	
三十三、鹎科 Pycnonotidae							
155．白头鹎 *Pycnonotus sinensis*	V	东洋种	南中国型	+	✓	LC	
三十四、太平鸟科 Bombycillidae							
156．太平鸟 *Bombycilla garrulus*	W	古北种	全北型	+++		LC	
157．小太平鸟 *Bombycilla japonica*	W	古北种	东北型（我国东北地区或再包括附近地区）	++	✓	LC	
三十五、伯劳科 Laniidae							
158．荒漠伯劳 *Lanius isabellinus*	S	古北种	中亚型（中亚温带干旱区分布）	++		LC	
159．红尾伯劳 *Lanius cristatus*	S	古北种	东北—华北型	+++		LC	
160．楔尾伯劳 *Lanius sphenocercus*	R	古北种	东北型（我国东北地区或再包括附近地区）	+++		LC	
三十六、卷尾科 Dicruridae							
161．黑卷尾 *Dicrurus macrocercus*	V	广布种	东洋型（包括少数旧热带型或环球热带—温带）	+		LC	
三十七、椋鸟科 Sturnidae							
162．八哥 *Acridotheres cristatellus*	R	东洋种	东洋型（包括少数旧热带型或环球热带—温带）	++	✓	LC	
163．北椋鸟 *Sturnia sturnina*	P	古北种	东北—华北型	++	✓	LC	
164．灰椋鸟 *Sturnus cineraceus*	S	古北种	东北—华北型	+++	✓	LC	
165．紫翅椋鸟 *Sturnus vulgaris*	P	古北种	不易归类的分布	+++	✓	LC	

（序）

种类	居留型	区系从属	分布型	数量级	保护级别	中国红色名录等级	CITES
三十八、鸦科 Corvidae							
166. 喜鹊 *Pica pica*	R	广布种	全北型	++++	√	LC	
167. 红嘴山鸦 *Pyrrhocorax pyrrhocorax*	P	古北种	不易归类的分布	++		LC	
168. 达乌里寒鸦 *Corvus dauuricus*	R	古北种	古北型	+++	√	LC	
169. 秃鼻乌鸦 *Corvus frugilegus*	P	古北种	古北型	+++	√	LC	
170. 小嘴乌鸦 *Corvus corone*	P	广布种	全北型	+++		LC	
171. 大嘴乌鸦 *Corvus macrorhynchos*	P	广布种	季风区型（东部湿润地区为主）	+++		LC	
三十九、岩鹨科 Prunellidae							
172. 棕眉山岩鹨 *Prunella montanella*	W	古北种	东北型（我国东北地区或再包括附近地区）	+++	√	LC	
173. 褐岩鹨 *Prunella fulvescens*	W	古北种	高地型（以青藏高原为中心可包括其外围山地）	++		LC	
四十、鸫科 Turdidae							
174. 红喉歌鸲 *Luscinia calliope*	P	古北种	古北型	++	√	LC	
175. 蓝喉歌鸲 *Luscinia svecica*	P	古北种	古北型	++	√	LC	
176. 蓝歌鸲 *Luscinia cyane*	P	古北种	东北型（我国东北地区或再包括附近地区）	++	√	LC	
177. 红胁蓝尾鸲 *Tarsiger cyanurus*	P	古北种	东北型（我国东北地区或再包括附近地区）	++	√	LC	
178. 赭红尾鸲 *Phoenicurus ochruros*	P	古北种	不易归类的分布	+		LC	
179. 北红尾鸲 *Phoenicurus auroreus*	P	古北种	东北型（我国东北地区或再包括附近地区）	+++		LC	
180. 红腹红尾鸲 *Phoenicurus erythrogastrus*	P	古北种	中亚型（中亚温带干旱区分布）	+		LC	
181. 黑喉石（䳭） *Saxicola torquata*	P	广布种	不易归类的分布	+++	√	LC	
182. 白顶（䳭） *Oenanthe pleschanka*	S	古北种	中亚型（中亚温带干旱区分布）	++		LC	
183. 虎斑地鸫 *Zoothera dauma*	P	广布种	古北型	++	√	LC	
184. 赤颈鸫 *Turdus ruficollis*	W	古北种	不易归类的分布	+++	√	LC	
185. 黑喉鸫 *Turdus atrogularis*	W	古北种	不易归类的分布	++	√	LC	
186. 红尾鸫 *Turdus naumanni*	P	古北种	东北型（我国东北地区或再包括附近地区）	+++	√	LC	
187. 斑鸫 *Turdus eunomus*	P	古北种	东北型（我国东北地区或再包括附近地区）	+++	√	LC	
四十一、鹟科 Muscicapidae							
188. 乌鹟 *Muscicapa sibirica*	P	古北种	东北型（我国东北地区或再包括附近地区）	+++	√	LC	
189. 北灰鹟 *Muscicapa dauurica*	P	古北种	东北型（我国东北地区或再包括附近地区）	++	√	LC	
190. 红喉姬鹟 *Ficedula albicilla*	P	古北种	古北型	+++	√	LC	
四十二、画眉科 Timaliidae							
191. 山噪鹛 *Garrulax davidi*	R	古北种	华北型	+		LC	
四十三、鸦雀科 Paradoxornithidae							
192. 文须雀 *Panurus biarmicus*	R	古北种	不易归类的分布	++++		LC	
四十四、扇尾莺科 Cisticolidae							
193. 山鹛 *Rhopophilus pekinensis*	R	古北种	中亚型（中亚温带干旱区分布）	+++	√	LC	
四十五、莺科 Sylviidae							
194. 东方大苇莺 *Acrocephalus orientalis*	S	广布种	不易归类的分布	++++	√	LC	
195. 厚嘴苇莺 *Acrocephalus aedon*	S	古北种	东北型（东部为主）	+		LC	
196. 褐柳莺 *Phylloscopus fuscatus*	P	古北种	东北型（我国东北地区或再包括附近地区）	+++		LC	
197. 黄腰柳莺 *Phylloscopus proregulus*	P	古北种	古北型	+++	√	LC	
198. 黄眉柳莺 *Phylloscopus inornatus*	P	古北种	古北型	++	√	LC	

（序）

种　类	居留型	区系从属	分布型	数量级	保护级别	中国红色名录等级	CITES
199. 极北柳莺 *Phylloscopus borealis*	P	古北种	古北型	+++	√	LC	
200. 白喉林莺 *Sylvia curruca*	P	古北种	不易归类的分布	++		LC	
四十六、长尾山雀科 Aegithalidae							
201. 银喉长尾山雀 *Aegithalos caudatus*	R	古北种	古北型	++	√	LC	
四十七、山雀科 Paridae							
202. 褐头山雀 *Parus songarus*	R	古北种	全北型	++	√	LC	
203. 大山雀 *Parus major*	R	广布种	不易归类的分布	++	√	LC	
四十八、鸭科 Sittidae							
204. 普通鸭 *Sitta europaea*	P	古北种	古北型	+		LC	
205. 黑头鸭 *Sitta villosa*	P	古北种	全北型	++		NT	
四十九、雀科 Passeridae							
206. 麻雀 *Passer montanus*	R	广布种	古北型	++++	√	LC	
207. 石雀 *Petronia petronia*	R	古北种	不易归类的分布	++		LC	
208. 黑喉雪雀 *Pyrgilauda davidiana*	R	古北种	高地型（以青藏高原为中心可包括其外围山地）	+		LC	
五十、燕雀科 Fringillidae							
209. 苍头燕雀 *Fringilla coelebs*	P	东洋种	不易归类的分布	+		LC	
210. 燕雀 *Fringilla montifringilla*	P	古北种	古北型	+++	√	LC	
211. 普通朱雀 *Carpodacus erythrinus*	P	广布种	古北型	+++	√	LC	
212. 红眉朱雀 *Carpodacus pulcherrimus*	R	古北种	喜马拉雅—横断山区型	++	√	LC	
213. 白腰朱顶雀 *Carduelis flammea*	W	古北种	全北型	+++	√	LC	
214. 黄雀 *Carduelis spinus*	P	古北种	古北型	+++	√	LC	
215. 金翅雀 *Carduelis sinica*	R	广布种	东北型（我国东北地区或再包括附近地区）	+++	√	LC	
216. 红腹灰雀 *Pyrrhula pyrrhula*	W	古北种	古北型	+	√	LC	
217. 锡嘴雀 *Coccothraustes coccothraustes*	P	广布种	古北型	+++	√	LC	
218. 黑尾蜡嘴雀 *Eophona migratoria*	S	古北种	东北型（东部为主）	++	√	LC	
219. 黑头蜡嘴雀 *Eophona personata*	P	古北种	东北型（东部为主）	+	√	NT	
220. 蒙古沙雀 *Rhodopechys mongolicus*	R	古北种	中亚型（中亚温带干旱区分布）	++		LC	
221. 巨嘴沙雀 *Rhodospiza obsoleta*	R	古北种	中亚型（中亚温带干旱区分布）	+++		DD	
222. 长尾雀 *Uragus sibiricus*	W	古北种	东北型（我国东北地区或再包括附近地区）	+	√	LC	
五十一、鹀科 Emberizidae							
223. 灰眉岩鹀 *Emberiza godlewskii*	W	古北种	不易归类的分布	++	√	LC	
224. 三道眉草鹀 *Emberiza cioides*	W	古北种	东北型（我国东北地区或再包括附近地区）	+++	√	LC	
225. 小鹀 *Emberiza pusilla*	W	古北种	古北型	+++	√	LC	
226. 苇鹀 *Emberiza pallasi*	W	古北种	东北型（我国东北地区或再包括附近地区）	+++	√	LC	
227. 芦鹀 *Emberiza schoeniclus*	W	古北种	古北型	++	√	LC	
228. 铁爪鹀 *Calcarius lapponicus*	W	古北种	全北型	++	√	NT	

注1：居留型：R.留鸟，S.夏候鸟，P.旅鸟，W.冬候鸟；++++代表优势种，+++代表常见种，++代表少见种，+代表偶见种。
注2：保护级别：Ⅰ代表国家一级保护鸟类，Ⅱ代表国家二级保护鸟类；√代表《国家保护的有益的或者有重要经济、科学研究价值的陆生野生动物名录》中的"三有"保护鸟类。
注3：中国红色名录等级：EX.灭绝，EW.野外灭绝，CR.极危，EN.濒危，VU.易危，NT.近危，LC.无危，DD.数据缺乏。
注4：本书分类系统按郑光美（2016）《中国鸟类分类与分布名录》（第二版）

后 记

春去秋来，岁月如梭，《内蒙古南海子湿地鸟类》经过了大约 10 年的努力工作，今天终于与读者见面了。

10 年前，包头市南海湿地管理处根据保护区总体规划成立了湿地保护站，向国家申请了湿地保护建设资金 668 万元，新建了保护站、救护站、瞭望塔等，申请了科研监测经费购买了第一批观鸟设备。保护站工作人员一边从事湿地保护巡查执法工作，一边开始认鸟、知鸟、学鸟，观察记录鸟类的活动规律。功夫不负有心人，10 年后，南海湿地的生态环境发生了显著的变化，鸟多了、水清了、湿地保护的面积变大了，同时南海湿地也涌现出了一批能听其音、辨其形、知其名、识鸟性的知鸟、爱鸟、护鸟的专业保护队伍，10 年间积累了大量的鸟类栖息南海湿地的照片，在此基础上开展了科研、宣教、救护等工作，湿地保护能力取得了长足的进步。

南海湿地坚持走"创新发展"的道路，不断创新湿地治理体系、完善湿地治理能力。一是创新湿地保护方式，推动生态文明建设。包头市东河区委、政府科学开展湿地综合治理和修复，累计投入 4.2 亿多元开展湿地综合整治，清理了周边 17 个储煤场，拆除了 2 座砖窑，拆除了影响湿地的 300 余公顷的商业住宅，清理了 600 余公顷的垃圾场，切断了 4 条污染源，投入巨资对湿地的基础设施进行了改造建设。将湿地保护纳入法治体系，《包头市南海子湿地自然保护区条例》于 2008 年 6 月 1 日正式施行，该条例明确了湿地保护界限、执法主体、禁止行为和法律责任，南海湿地保护从此有法可依，在近 10 年间处理涉湿违法行政案件 99 件，有效保护了湿地资源。成立了湿地科研、监测、宣教队伍，创新性开展科研、监测、宣教等工作：坚持四个"一"的监测方法，即每日记巡护日记、每周观测鸟类变化、每月测水质水位变化、每季上报《内蒙古南海子湿地资源监测调查表》；在监测的基础上开展了《湿地生态系统保护与修复技术示范》《包头市黄河湿地生态修复工程》等科研、推广项目，其中《内蒙古南海子湿地鸟类群落监测及遗鸥栖息繁育研究》项目获得了 2015 年包头市政府科技进步三等奖，另外还聘请了中国科学院、北京师范大学、北京林业大学等 12 位著名湿地保护专家作为生态顾问，指导南海湿地开展湿地研究工作；每年不间断举办"湿地日""爱鸟周"等大型的宣教活动，逐步提高市民的湿地保护意识，被授予"全国野生动物科普教育基地""全国科普教育基地""自治区环境教育基地"等荣誉称号，并被列为全国"自然学校试点单位"。二是创新湿地利用方式，促进了绿色发展。先后委托国家一流设计单位编制了《内蒙古南海子湿地保护总体规

划》《包头南海湿地景区景观概念设计》《包头市南海湿地周边总体规划及适度开发区规划》等，科学规划南海湿地旅游业发展和产业布局，提出了以湿地保护为主线，推进文化创意、休闲旅游、生态养殖等业态快速发展的总体思路；规划建设婚庆文产园、黄河湿地博物馆、红色收藏馆、鸟类图片馆、国际垂钓竞技基地等基础建设，并以此为中心实现文旅商科融合发展；打造湿地品牌，提升资源品质，将品牌建设变成真金白银。目前共有8个产品和服务注册为商标，其中"南海黄河金翅""南海湿地"为著名品牌，"南海湖"等4个品牌为知名品牌，同时被权威部门认定为"首批包头老字号""包头市首批文化产业示范基地""无公害农产品"等系列称号，国家商标局已通过了"南海黄河鲤鱼"地理商标的审核。南海湿地被授予"黄河国家湿地公园""国家4A级景区""内蒙古自治区级水利风景区""自治区级文化产业服务聚集区"。三是创新队伍管理，为湿地保护和利用提供不竭动力。以湿地保护为中心，培育和弘扬具有南海特色的社会主义核心价值观，在改进中加强，在创新中提高，始终坚持把队伍管理作为湿地保护独特的生产要素和宝贵的发展资源与保护区发展战略结合起来；建设湿地文化，把"公开、公平、公正"法治原则植入队伍管理之中，营造"风正、心齐、气顺、劲足"的良好氛围，使之成为支撑南海湿地保护和可持续发展的内生动力。

正是由于国家和自治区林业、环保、住建、科技、科协、发改、财政、文化、宣传、旅游等部门的大力支持、区委、区政府的高度重视和科学领导、市区相关部门的密切配合、南海全体干部职工的不懈努力，才有了今日水草丰茂，百鸟翩跹的湿地风景，为我们出版这本书提供了坚实的基础。

《内蒙古南海子湿地鸟类》是南海湿地继《内蒙古南海子湿地植物》《湿地南海》《遗鸥研究与保护》出版后，推出的又一本湿地科普读物，是南海湿地多年来保护成果的集中体现，汇集了南海保护战线鸟类科研监测成果，并通过艺术与科学融合的方式予以表现。能让更多的人感受到鸟类科普的魅力，并参与到观鸟、爱鸟、护鸟的鸟类保护行列，是我们出版这本书最大的愿望。

本书鸟种名、鸟种排序、拉丁名、英文名皆是参考郑光美先生所著的《中国鸟类分类与分布名录》（第二版），鸟种说明则翻阅了大量的科普读物和资料编辑而成。本书编撰的10年也是南海湿地保护与利用飞速发展的10年，10年见证了国家生态文明建设的发展，也见证了地方政府重视生态、重视南海成长的历程，见证了保护区工作人员团结协作、艰苦奋斗的点点滴滴。在此，我对所有给予南海厚爱的各级领导、专家、同事以及在本书编著过程中给予帮助的湿地同仁表示衷心感谢。

鉴于我们的水平有限，本书中出现的偏差、谬误之处，敬请谅解！

包头市南海湿地管理处　党委书记、处长

2017年3月10日